食用油脂の基礎と劣化防止

技術士（農業部門）
中谷明浩 著

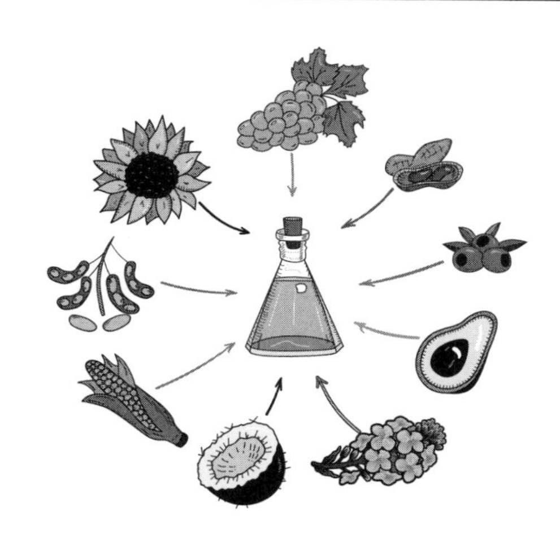

幸書房

まえがき

私たちは日々の生活の中で、様々な食品を食します．食はエネルギー源であり，生命を維持するのに必要な栄養素を供給してくれます．毎食ごとにメニューは変われど，必ず摂取している食品が「食用油脂」です．この食用油脂はどのように食に関わっているのでしょうか．調理という観点からみれば焼く，煮る，炒める，栄養という観点からみれば，エネルギーの供給源であり，必須脂肪酸の供給源です．また，味という観点からみればおいしさの引き立て役となります．このように，食に共通する全てに関わってくるのが「食用油脂」です．

本書はその「食用油脂」であり，そして「基礎と劣化防止」をテーマにしています．この筆を取らせていただいたのは，毎日食している食用油脂の素顔を知り，劣化とは何か，そしてそれを抑制する技術を理解していただくことで，私たちの健康的でおいしい食生活に寄与したいという思いからです．

本書にはその食用油脂の劣化抑制を図り，節約することの意義を述べています．なぜならば，食用油脂は安価な食材ではなく，将来にわたりさらに値上がりしていくことが示唆されているためです．油脂の原料となる穀物などをほぼ輸入に頼る我が国では，少子高齢化を迎え食用油脂の消費量が減少しているのですが，視点を世界に向けると人口は増加し，国連の推計によれば 2050 年には 95 億人に達するといわれています．一方で，その穀物の生産量は，地球の気候変動の影響を受けやすいというネガティブな側面を有し，これらの要因が食用油脂の値上がりが示唆される所以です．

上述しましたように，劣化の何たるか，それを抑えるための技術，そして食用油脂に関して知っていただきたい劣化抑制以外の情報にも触れています．劣化防止と聞けば，劣化が悪いように聞こえてきますが，劣化は食用油脂のおいしさに深く関わっています．それは食品のおいしさにも貢献し，普段から利用しているというのも確かです．特に，初期の劣化はおいしさをもたらします．しかし，劣化が進むと不快臭，不快味へと変わり，油脂食品の品質が低下するばかりか，栄養学的にも好ましくありません．この「変わり目」がまた難しいのです．

このような視点で捉えると，食用油脂は実は，貴重で，奥が深く，取り扱いが難しい食材でもあるといえます．さらにその食用油脂の劣化抑制を図ることを目的とすれば，食用油脂だけではなく，原材料や設備も含めた調理工程の全般を見直さなければその目的の達成は難しいと考えます．

そのようなことから，本書では食用油脂の基礎，劣化の基礎，そして劣化防止技術を網羅し，ただ大量の情報を並べるのではなく，基本と応用を理解していただけるよう，なるべくシンプルに，そしてわかりやすくを心がけ執筆いたしました．食品関連事業者，食品技術者や開発者の皆様のお仕事の一助になれば幸いです．

本書執筆にあたり株式会社幸書房 夏野雅博社長と担当者様には，大変お世話になり，心よりお礼申し上げます．

また，食用油ろ過機の写真をご提供頂きました株式会社コマツ製作所様をはじめ，必要な情報の提供やご協力頂きました皆様にも，この場をお借りいたしまして深く御礼申し上げます．

2020年　初夏
自宅にて
中谷　明浩

目　　次

第1章　食用油脂を取り巻く環境と，劣化防止技術の意義

食にとって食用油脂は，非常に身近な食品であることに疑いはない．また，調理には欠かせない存在でもある．本章ではその食用油脂が将来，どのような変化を遂げるのかを予測し，その「未来予想」と現在の使用実態を考え，劣化防止の必要性と意義について述べる．

1.1　現状と未来予測

食用油脂の原料となる大豆や菜種（キャノーラ）などは油糧種子または油糧原料と呼ばれ，そのほとんどが海外からの輸入に頼っている．そのため，世界の穀物などの需給や価格の変動が食用油脂の生産や価格に大きく影響するといえる．そこで，今後の食用油脂を取り巻く環境と今後の状況の予測を述べる．**図表 1.1** に世界の穀物および大豆の需給と世界人口動向を示す．

人口の推移において，日本では少子高齢化に伴い人口の減少が進んでいるが，世界では人口が増加していることがよく知られている．現在の世界人口は，推計で約 76 億人（2018 年推計），国連の推計によると 2050 年には 95 億人にまで増えると予想されている．

一方で，油糧原料ともなる世界の穀物および大豆の需要量は，世界の人口の伸び率を上回って増加し，需給をみると，需要量に対して供給量に余裕があるとはいえない状況である．それでも，増加する一方の需要に対して，遺伝子組み換え作物や，灌漑などの農業技術の進歩により供給量を増やしてきたが，地球温暖化や気候変動によって，これらの需給バランスを保つことが難しくなってくるとの意見もある．**図表 1.2** に国際穀物および大豆価格の推移を示す．

国際穀物等の価格は 2012 年以降，下落基調で推移しているが，2006 年以前よりは高い水準である．また，2006 年以降，主としてバイオ燃料需要，および中国が穀物純輸出国から純輸入国となったことにより，世界の穀物等需給構

図表 1.1　世界の穀物および大豆の需給と世界人口動向[1)]

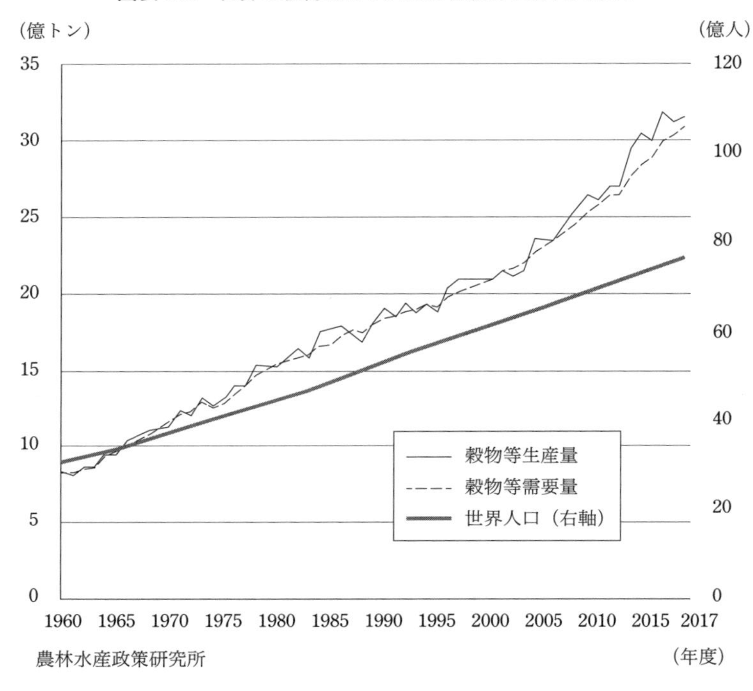

農林水産政策研究所

造は大きく変化した[2,3)].

これらの穀物価格の推移の動向は，食用油脂の価格にも影響を与える．**図表 1.3** に食用油脂の国際価格年次推移を示す．

パーム油（Palm oil）と大豆油（Soybean oil）について 1980 年から現在までを，菜種油（Rapeseed oil）とひまわり油（Sunflower oil）については 2002 年から現在までを表している．この図と国際穀物等の価格推移である図表 1.2 を比較すると，同様の傾向で推移していることがわかる．すなわち，食用油脂も 2006 年以降，その価格は上昇や下落を繰り返しているものの，全体として 2006 年以前より上昇基調にある．

食用油脂の生産量において，世界で最も生産されている油脂は 2003/2004 年までは大豆油であったが，それ以降はパーム油が最も生産量の多い油種となった．最新の 2017/2018 年では，大豆油が 5.5 千万トン，パーム油が 7 千万トン

図表 1.2　国際穀物および大豆価格の推移 [2)]

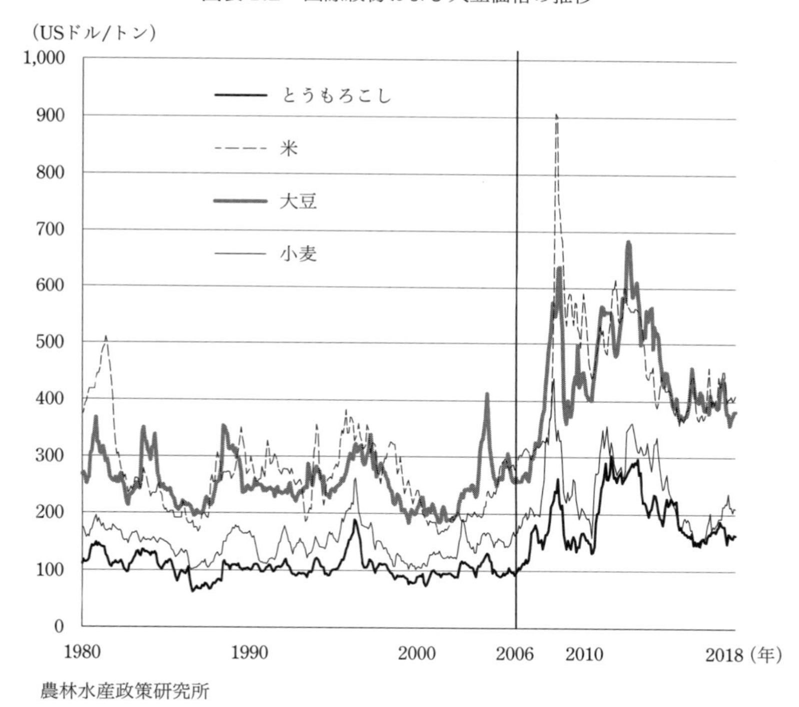

農林水産政策研究所

図表 1.3　食用油脂国際価格年次推移（US ドル / トン）[3)]

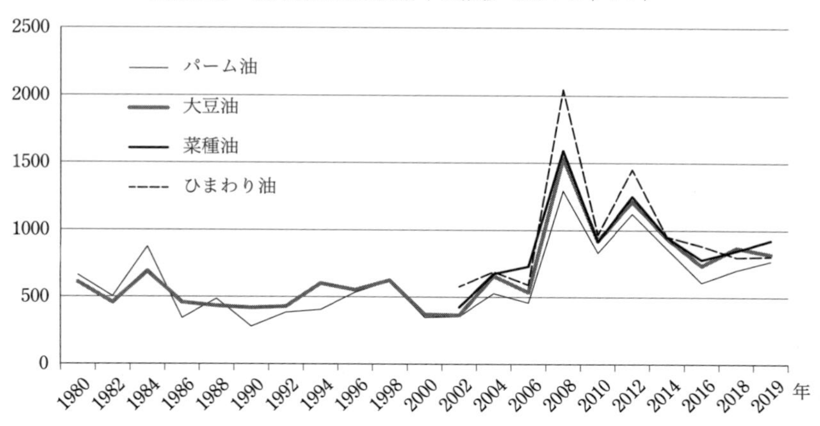

THE WORLD BANK ホームページ

図表 1.4　世界の油脂生産量の推移[4)]

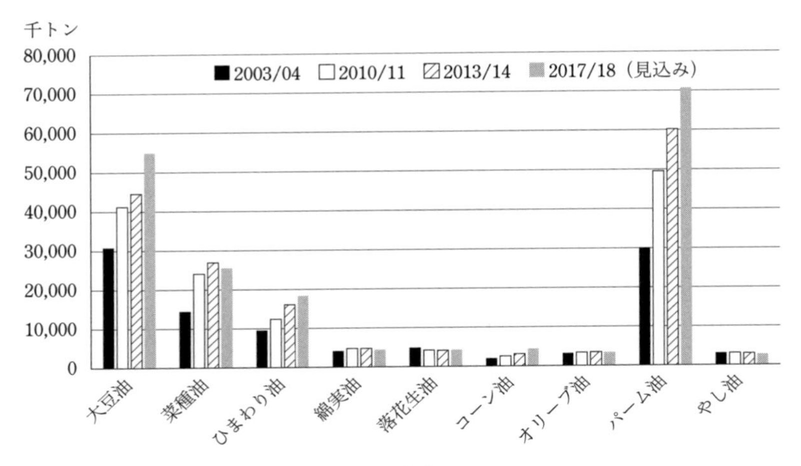

日本植物油協会ホームページのデータより作成

図表 1.5　日本国内の主要2油種生産量の推移[6)]

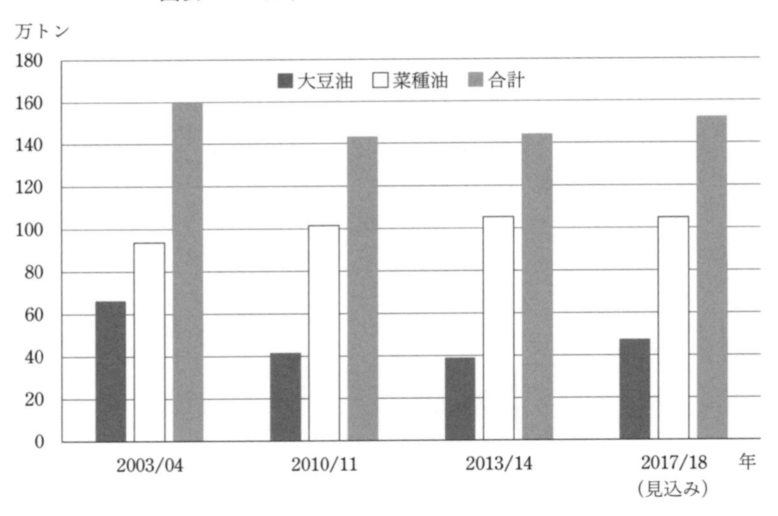

日本植物油協会ホームページのデータより作成

であり，年々生産量は増加している．世界の油脂生産量の推移を**図表 1.4** に示す．

パーム油の生産量が増大した理由として，土地生産性である1ヘクタールあたりの油脂の生産量は3,800 kgで，大豆油の550 kg/ha，菜種油（キャノーラ油）の1,200 kgと比較すると，非常に効率よく採油できる点が一つ挙げられる．また，パーム油の国際価格は大豆油の約60〜70％の水準で推移することが多く見られるほか，工業用にも用途が広いという特徴も理由の一つと考えられる[5]．

一方で，日本国内では菜種油（キャノーラ油）の生産量が最も多いのが特徴でクセがなく，「あっさり」という消費者イメージが強く，支持されているの

図表 1.6 世界の主要品目の消費量の変化[7]

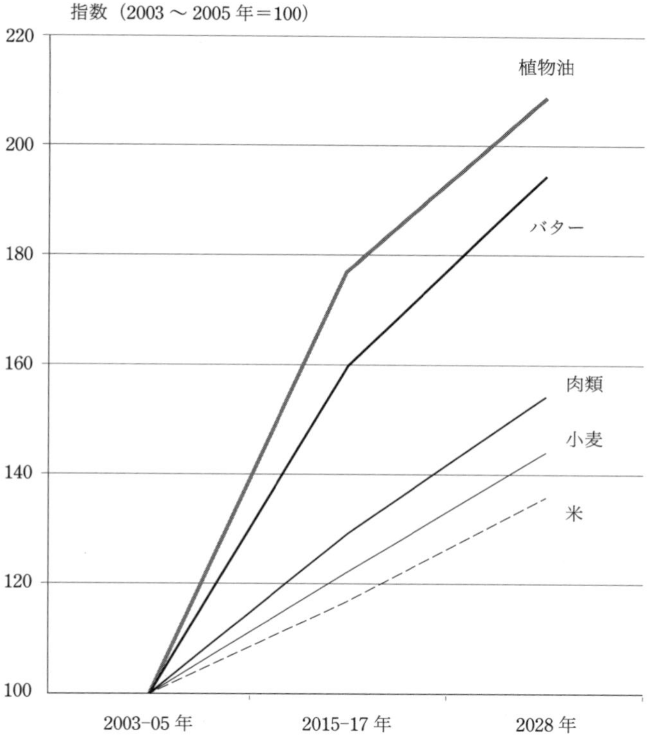

農林水産政策研究所

が理由と思われる．日本では，世界とは異なり，生産量は全体的に減少傾向であり，これは少子高齢化が一因と考えられる．2017/2018年では年間生産量が大豆油が47万トン，菜種油が105万トンとなっている．日本国内の主要2油種生産量の推移を**図表1.5**に示す．

図表1.6は農林水産研究所が試算した，2003～05年の世界の各主要品目の消費量を100とした将来の消費量の予想で，食用油脂である植物油は，2028年に2003～05年と比較して，概ねその消費量が2.1倍になることが示されている．また，世界の各品目実質価格の増減率を示した**図表1.7**では，2015～17年を基準価格として2028年の植物油実質価格を見るとその増減率はバター，脱脂粉乳に続きプラス12.8%と高い水準を示している．

これらの状況や予測を踏まえると，今後の食用油脂の供給や価格において楽観的な見方は難しく，食用油脂の価格が下がる方向へ進むことは期待できないと，考えるのが妥当であろう．そのため，食用油脂の劣化を抑制し，より長持ちさせる使い方やその技術が今後，重要になってくるものと考えられる．

図表1.7　世界の各品目実質価格の増減率[7]

品目	基準年(2015–17年)の価格	2028年（目標年）の実質価格	
			増減率(%)
小麦	182	181	−0.2
とうもろこし	161	163	1.2
米	394	393	−0.3
その他穀物	108	108	0.4
大豆	397	406	2.4
植物油	711	802	12.8
牛肉	434	442	1.9
豚肉	177	181	2.2
鶏肉	199	211	6.1
バター	361	483	33.6
脱脂粉乳	237	279	17.4
チーズ	366	380	3.8

（単位：ドル／トン（耕種作物），
ドル/100 kg（畜産物））

農林水産政策研究所

1.2　劣化防止の必要性

1.2.1　ユーザーが求めるニーズと使用実態

業務用汎用油でユーザーが求めるものは，概ね「安価で劣化しにくい」油脂であることと思われる．一方で調理現場での使用実態を示したのが**図表 1.8** および**図表 1.9** である．図表 1.8 はフライ油における廃油時期判断の実態を調査したもので，何を判断材料として廃油のタイミングを決めているかを示している．ここでは簡易測定器，定期的，回数，毎回などの科学的根拠やルールに基づく方法で，廃油のタイミングを決めているのに対し，色・汚れ，揚げあがり・コシ・泡立ち，刺激臭・煙などの感覚的な判断で廃油を決めているのが約 7 割を占めていることがわかる．つまり，調理現場では感覚的判断でフライ油を交換していることが多い実態が見てとれる．

図表 1.9 は大手ユーザーの使用油分析結果で，その使用しているフライ油の遊離脂肪酸含量を示す酸価と，その色（加熱着色）の関係をスーパーの惣菜，とんかつ，ファーストフード別に示したものである．後述するが，厚生労働省による「弁当及びそうざいの衛生規範」では，酸価が 2.5 を超えたフライ油は新油に交換することとしており，その値を超えてもなお使用されている実態が

図表 1.8　廃油時期判断の実態[8)]

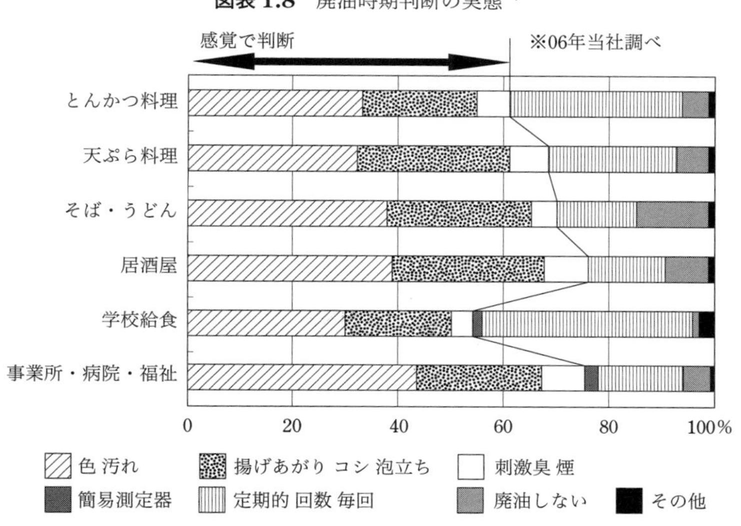

図表 1.9　大手ユーザー使用油分析結果[8)]

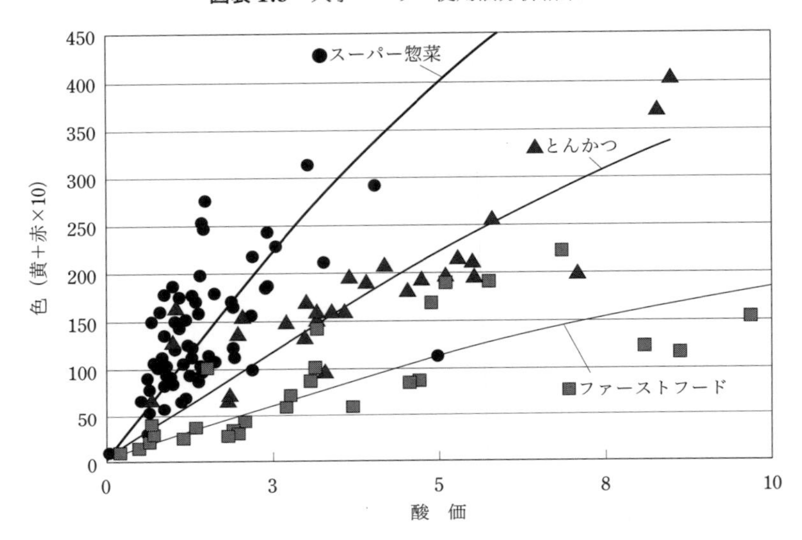

散見される．また，スーパーの惣菜，とんかつ，ファーストフードの使用業態間で酸価と着色の挙動が異なっており，特にファーストフードでは高い酸価であっても色が薄いことがわかる．このことは，前述した感覚的な判断の一つである，色で正しい酸価の把握は困難であること，適切なタイミングでフライ油の交換が感覚的な判断では難しいことを示しており，まだ使用できるフライ油を廃油したり，一方で本来，衛生規範が守られていない実態があるものと思われる．使用できる油を廃油することはムダといわざるを得ず，廃油を増やす原因でもあるため環境に負の影響を与える可能性が懸念される．また，交換しなければならない油を使用することは，衛生的な問題を生じる．したがって，科学的根拠に従う適切な食用油の使い方が必要である．

1.2.2　劣化のリスクと防止の必要性

食用油を適切，かつ安全に使用できていないリスクを述べると，

① 油脂の衛生規範の逸脱

② 製品・商品品質の低下

③ 収益の低下

が挙げられる．

油脂の衛生規範の逸脱では食の安心・安全が確立できず，また法令順守（コンプライアンス）の観点から問題である．製品・商品品質の低下では評判・信用の低下，クレームを招き，それが売上や利益の低下へとつながっていくことになる．また，収益の低下を招けば当然，収益の改善策が必要となり，人件費の削減などの検討がされることになる．調理現場では今，慢性的な人手不足であり，社員などの作業者への負担が増し，それに伴い労働意欲の低下などの，負のスパイラルに陥る可能性が懸念される．

他方で，油脂にはサラダ油やバターなど，調理などに使用する「見える油」のほかに，肉，魚，穀類，豆，乳製品など食品そのものに含まれる「見えない油」がある．日本人が摂取している油脂のうちの，約4分の1（25%）が「見える油」で，残りの4分の3（75%）が「見えない油」であるといわれている[9)]．油脂の劣化防止に取り組む上で「見える油」について考えるが，摂取量の75%を占める「見えない油」も考慮にいれて取り組むことがポイントである．見える油の劣化防止は，見えない油のそれにつながるものと考えている．

したがって，食用油脂を知り，その劣化を知り，防止技術を十分に活用していくことは，安全・安心でおいしく，経済的かつ効率的な製品づくりに寄与するもので，その意義は大きい．

引用・参考文献

1) 「世界の食料需給の動向と中長期的な見通し－世界食料需給モデルによる2028年の世界食料需給の見通し－」農林水産政策研究所　2019年3月4日発表 p1 ①
2) 「世界の食料需給の動向と中長期的な見通し－世界食料需給モデルによる2028年の世界食料需給の見通し－」農林水産政策研究所　2019年3月4日発表 p20 ②
3) THE WORLD BANK ホームページ (https://www.worldbank.org/en/research/commodity-markets) Monthly prices January 2020 (XLS) より作成，ダウンロード日 2020.1.26
4) （一社）日本植物油協会ホームページ（https://www.oil.or.jp/kiso/seisan/seisan02_01.html) 表3，表8データより作成，ダウンロード日 2019.2.22
5) （一社）日本植物油協会ホームページ「世界に広がるパーム油」(https://www.oil.or.jp/info/64/page03.html) ダウンロード日 2019.11.28
6) （一社）日本植物油協会ホームページ（https://www.oil.or.jp/kiso/seisan/seisan10_01.html) 表9データより作成，ダウンロード日 2019.2.22
7) 「世界の食料需給の動向と中長期的な見通し－世界食料需給モデルによる2028年の世界食料需給の見通し－」農林水産政策研究所　2019年3月4日発表 p29 ①
8) 水野和久「油脂の劣化防止技術と製品への応用」月刊フードケミカル 28巻，9号，(2012) p25-33

9) （一社）日本植物油協会ホームページ (https://www.oil.or.jp/jyouhou/kashikoku.html) ダウンロード日 2019.12.8

第2章　食用油脂の基礎知識

食用油脂の劣化は，大豆油や菜種油などのそれぞれの油種が持つ特性，すなわち本章で解説する油脂の化学構造や脂肪酸組成，含有する微量成分とその種類などにより影響を受ける．例えば，それぞれの油種における脂肪酸組成でも**図表 2.1** に示すような特徴があり，このような差が劣化に影響する．そのため，劣化を理解し，そして予防をするためには食用油脂とはどのようなものであるかの基本的な知識が必要となる．そこで本章では食用油脂の劣化の理解を深めるために必要な基礎知識を述べると共に，食品における役割や生産方法，そして食用油脂を取り巻く話題とその動向などの全般的な基礎知識について解説する．

図表 2.1　各種油種の脂肪酸組成 [1)]

	主要な脂肪酸含有率（%）				
	飽和脂肪酸		不飽和脂肪酸		
	パルミチン酸 (C_{16})	ステアリン酸 (C_{18})	オレイン酸 ($C_{18\text{-}1}$)	リノール酸 ($C_{18\text{-}2}$)	α-リノレン酸 ($C_{18\text{-}3}$)
なたね油	4.0	0.9	63.4	12.5	8.9
大豆油	10.3	3.9	22.7	54.4	7.8
サフラワー油（ハイオレック種）	4.6	2.0	79.1	12.8	0.2
ひまわり油（ハイオレック種）	3.6	3.6	85.0	6.5	0.2
コーン油	10.5	1.7	29.5	56.1	1.2
こめ油	16.5	1.7	42.8	35.7	1.2
ごま油	9.1	5.5	39.3	44.7	0.3
綿実油	19.2	2.4	19.0	57.0	0.6
オリーブ油	11.6	2.7	75.7	7.4	0.7
パーム油	43.8	4.5	40.1	9.5	－

（一社）日本植物油協会ホームページ「2. 植物油に含まれる脂肪酸」

2.1 油脂と脂質

食用油には「油脂」と「脂質」という二種類の用語が使用される．ここではその違いについて述べる．脂質はエーテル，ヘキサン，およびクロロホルムなどの脂溶性溶剤に溶けるものと定義される[2)]．そのため，油脂，脂肪酸，ワックス，リン脂質などすべてを包含する一方，油脂はその脂質の中に包含される分類の一つである．化学構造による主要な脂質の分類について**図表 2.2** に示す．

図表 2.2 化学構造による主要な脂質の分類[2)]

1) 脂肪酸	5) スフィンゴ脂質
2) **油脂，中性脂肪，** **トリグリセライド**	スフィンゴミエリン セレブロシド ガングリオシド
3) ロウ Wax	
4) リン脂質 ホスファチジルエタノールアミン ホスファチジルコリン ホスファチジルセリン ホスファチジルイノシトール カルジオリピン	6) ステリルエステル 7) タンパク質との複合体，糖との複合体

オレオサイエンス第1巻第1号 (2001)

2.2 食用油脂の分類

食用油脂はその起源から「植物性油脂」と「動物性油脂」に大別される．植物性油脂はさらに，種子中に含まれる油脂から得られる種子油，種子の胚芽（胚軸）を分離し，その中に含まれる油脂から得られる胚芽（胚軸）油，および果肉に含まれる油脂から得られる果実油に分類することができる．

種子油としては大豆油，菜種油（キャノーラ油），ひまわり油，ごま油，綿実油，パーム核油，グレープシードオイル（ぶどう種子油），アマニ油，えごま油（シソ油）などが挙げられる．胚芽（胚軸）油ではコーン油（とうもろこし油），米油，小麦胚芽油，大豆胚芽油などがある．また，果実油としてはオリーブ油，パーム油，やし油（ココナッツ）が代表的な油種である．

一方で，動物性油脂では動物脂，水産油または魚油に分類することができ，

図表 2.3　食用油脂の分類

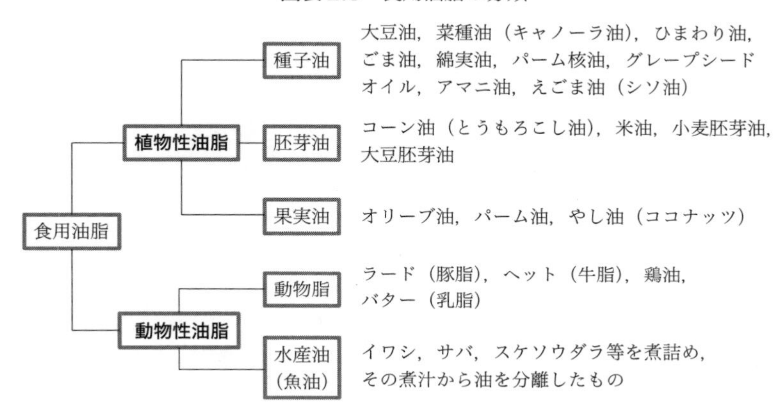

動物脂としてはラード（豚脂），ヘット（牛脂），鶏油，バター（乳脂）が挙げられる．水産油または魚油ではイワシ，サバ，スケソウダラなどを煮詰め，その煮汁から油を分離したものがある[3)]．これらをまとめたものを**図表 2.3** に示す．

2.3　食品における役割

ここでは，三大栄養素の一つである油脂の役割とその構成，脂肪酸の分類，および油脂が果たす三大調理機能について述べる．

2.3.1　三大栄養素の一つである油脂とその構成

タンパク質，糖質とならんで脂質である油脂は，三大栄養素の一つであることはよく知られており，生命の維持に必須かつ重要な栄養素である．生体に対しては，タンパク質や糖質の熱量が 1 g 当たり 4 kcal であるのに対し，油脂は 9 kcal であることから大きなエネルギー源であり，体温の維持や皮膚の保護などの重要な役割を果たしている（**図表 2.4**）．

油脂は**図表 2.5** に示すように，各種脂肪酸で構成され，一般的な脂肪酸は炭素が 12 から 22 個の直鎖の化学構造を有し，その直鎖内に二重結合を有しない飽和脂肪酸，有する不飽和脂肪酸と大別される．また，二重結合を一つ有す

図表 2.4 三大栄養素の一つである油脂[4)]

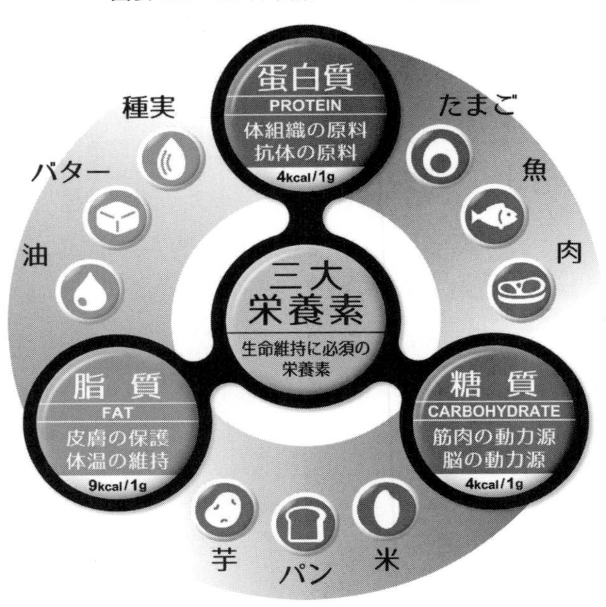

図表 2.5 脂肪酸の表し方記号とその分類

脂肪酸	記号	脂肪酸分類	脂肪酸
ラウリン酸	C12:0	飽和脂肪酸	—
ミリスチン酸	C14:0		—
パルミチン酸	C16:0		—
ステアリン酸	C18:0		—
オレイン酸	C18:1	一価不飽和脂肪酸	n-9（ω 9）
リノール酸	C18:2	多価不飽和脂肪酸	n-6（ω 6）
リノレン酸	C18:3		n-3（ω 3）
アラキドン酸	C20:4		n-6（ω 6）
EPA	C20:5		n-3（ω 3）
DHA	C22:6		n-3（ω 3）

図表 2.6　トリグリセライドのイメージ例

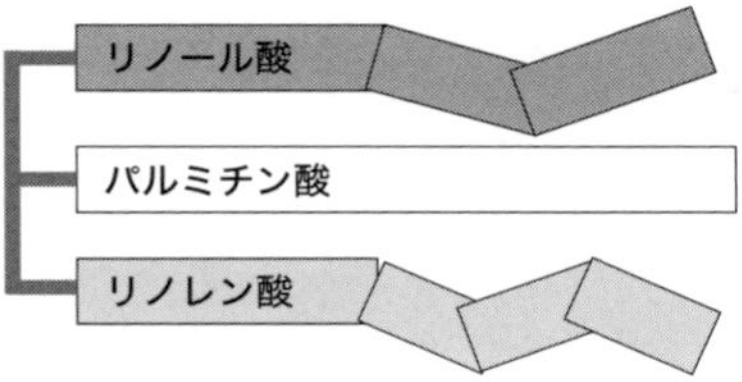

リノール酸
パルミチン酸
リノレン酸

る脂肪酸を一価不飽和脂肪酸と呼び，具体的にはオレイン酸があり，二重結合を二つ以上有する脂肪酸を多価不飽和脂肪酸と呼ばれている．代表的なものとしてリノール酸，α−リノレン酸（炭素 18，二重結合 3，C18:3），アラキドン酸（炭素 20，二重結合 4，C20:4），エイコサペンタエン酸（EPA，炭素 20，二重結合 5，C20:5）やドコサヘキサエン酸（DHA，炭素 22，二重結合 6，C22:6）がある．

また，直鎖末端の炭素から数えて 9 番目に二重結合を有する脂肪酸を n−9（ω 9）系脂肪酸，6 番目に有する脂肪酸を n−6（ω 6）系脂肪酸，および 3 番目に有する脂肪酸を n−3（ω 3）系脂肪酸という．n−9 にはオレイン酸，n−6 にはリノール酸，そして近年，機能性食品として認知されている n−3 には α−リノレン酸，エイコサペンタエン酸（EPA）やドコサヘキサエン酸（DHA）がある．

油脂の基本構造は**図表 2.6** に示すように，3 つの脂肪酸がグリセロール骨格と結合した，トリアシルグリセロール構造となっている．トリグリセリドやトリグリセライドとも呼ばれる．その他にトリグリセライドより脂肪酸が加水分解し，2 つの脂肪酸で構成されているものをジグリセライド（ジグリセリド），一つの脂肪酸で構成されているものをモノグリセライド（モノグリセリド）と呼び，加水分解により遊離した脂肪酸を遊離脂肪酸と呼ぶ．

2.3.2　油脂の三大機能

油脂には調理，栄養，調味と三つの役割や機能を持っている．調理機能では天ぷらやフライなどの熱媒体として，炒め時の鍋などへの結着や，麺などをほぐす離型素材である．また，マーガリンやマヨネーズなどの食品素材，製菓・製パン用ショートニングなどの物性付与や風味付けと多岐にわたる．

栄養機能ではエネルギー源，リノール酸や α−リノレン酸である必須脂肪酸の供給源，ビタミン A，D，E，K である脂溶性ビタミン類の吸収機能として，

図表 2.7　食用油脂の三大機能

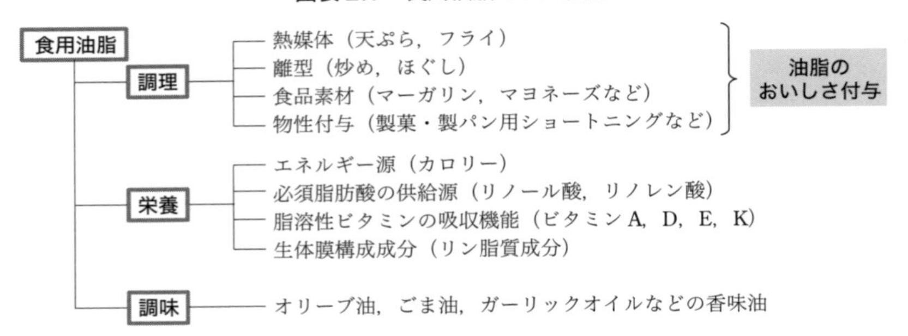

リン脂質成分である生体膜構成成分の供給源としての役割がある．

調理機能としてはオリーブ油，焙煎ごま油，ガーリックオイルなどの香味食用油として，おいしさを引き立たせるのに欠かせない食材である．このように，油脂は食や体に対して様々な機能があり，水と同じく必要不可欠な素材であるといえる（**図表 2.7**）．

2.4　油脂の化学・物理的管理（劣化）指標

油脂の分析試験法については，日本油化学会が制定する「基準油脂分析試験法」に分析項目とその分析手順等の詳細が記載されており，同様に米国油化学会の AOCS（American Oil Chemists' Society）法にもその詳細が記載されている．実際に分析を実施する場合は「基準油脂分析試験法」を参照されたい．ここでは実務的によく使用される分析項目の概要と，その管理活用場面について述べる．

2.4.1　酸価（AV, acid value）

油脂 1 g 中に含まれる遊離脂肪酸を，中和するのに要する水酸化カリウムは mg 数（単位：−）で表す．自動酸化などでは遊離脂肪酸の生成量が少ないため，劣化の評価法にはあまり適さない．フライ油ではフライ中の揚げ種から出る水分などによって，加水分解が起こり，遊離脂肪酸が生じるため酸価が上昇する．そのため，このような場合の劣化指標としての活用に適する．主な管理活用場面としては品質管理，フライ油の劣化度評価，油糧種子中油分の劣化度評価などがある．

2.4.2　過酸化物価（POV, PV, Peroxide Value）

脂肪酸と酸素との反応により生じるヒドロペルオキシド（過酸化物）とヨウ化カリウムとの反応により，生成したヨウ素分子の量を，試料 1 kg 当たりのミリ当量数（meq）で表したもので，チオ硫酸ナトリウムを用いた酸化還元滴定で求める（単位：meq/kg）．油脂の自動酸化などによる劣化の度合いを評価できるが，例えば使用したフライ油では，ヒドロペルオキシドは，あまり残存しない場合があるなどの理由から，劣化指標としての活用は不向きである．主な管理活用場面としては品質管理，保存油・加熱油の酸化（劣化）評価である．

2.4.3　色（Color）

油脂の色を測定するための分析装置である「ロビボンド（Lovibond）比色計」による分析法で，精製油では長さが 133.4 mm のセルを用いて測定する方法である．黄色度（yellow, Y），赤色度（Red, R）を色見本と油脂サンプルを目視で比色測定する．Y および R それぞれの値，もしくは Y ＋ 10R の式で算出した値が品質管理値として使用される（単位：－）．例示すると，JAS（日本農林規格）値として大豆サラダ油では Y が 25 以下，R では 2.5 以下であり，なたね（菜種）サラダ油では Y が 20 以下，R が 2.0 以下である[5]．

フライ中に揚げ種からエキス分などの溶出や，油脂の劣化によってフライ油の着色が進むため，フライ油の色を同法によって測定することにより，劣化度の指標とすることができる．その際は，着色が進んだ油脂の場合，前述の長さのセルでは色が濃く比色測定が困難となることから，それよりも短いセルで測定することが好ましい．主な管理活用場面としては品質管理，フライ油の加熱着色（劣化度評価）がある．

2.4.4　粘度（Viscosity）

E 型粘度計などにより任意の温度（20～30℃）で測定することができる（単位（例）：mPa・s）．劣化油の重合度合いの指標となる粘度上昇率は，未劣化油（新油）の粘度（0％）に対して，劣化油の粘度がどれくらい上昇したかを百分率（％）で表す．

フライ中にトリグリセライドの重合が進むと，粘度が上昇し，「油切れ」が悪くなる．特にフライ油の劣化指標としてよく活用される測定項目である．主な管理活用場面としてはフライ油の劣化度合い，保存油・加熱油の劣化度合いがある．

2.4.5　極性化合物（PC, polar compound）

フライ油の劣化度評価に用いられる方法で，フライ油中のトリグリセライドを主体とする非極性化合物を定量し，その残部を極性化合物とみなして，百分率で算出した値である．なお，極性化合物にはモノグリセライド，ジグリセライド，遊離脂肪酸のほか，重合物などが含まれる．

EU 諸国では，極性化合物量が 25～27％を使用限界としており，その測定法は，オープンカラムクロマトグラフィー法で行われる．また，トリグリセライドより分子量が大きい前述の重合物と，この「極性化合物」との間には相関がある．主な管理活用場面としてはフライ油の劣化度評価，保存油・加熱油の劣化度評価がある．

2.4.6　カルボニル価（COV, CV, carbonyl value）・アニシジン価（AnV, anisidine value）

油脂の酸化二次生成物であるアルデヒドやケトンといった，カルボニル化合物に反応する 2,4-ジニトロフェニルヒドラジンを用いて，比色定量することによって，総カルボニル量を算出する（単位は meq/kg）．油脂の自動酸化や光酸化だけでなく，使用フライ油の劣化指標に活用されている．関連する分析項目として，同じく油中のカルボニル化合物を発色に p-アニシジンを用いて比色定量するアニシジン価がある．このアニシジン価はカルボニル価より操作が簡便であることから，使用フライ油の劣化指標として活用される場面が多い．その他，TBA 価（チオバルビツール酸価）がある．主な管理活用場面としてはフライ油の劣化度評価，保存油・加熱油の劣化度評価がある．

2.4.7　ヨウ素価（IV, iodine value）

油脂 100 g に付加することのできる，ヨウ素のグラム数で表す．この値が大きいほど試料中の脂肪酸の不飽和度が高い（二重結合の数が多い）ことを示す（単位：－）．

油脂の酸化のしやすさを推定する目安となり，主要油種では JAS 規格値として次の値を示す[5].

大豆油：124〜139

菜種油：94〜126

パームオレイン：56〜72

パーム油：50〜55

主な管理活用場面としては酸化安定性の目安，コンタミネーションの管理，配合油の配合適正確認である．

2.4.8　脂肪酸組成

油脂の脂肪酸を BF_3（三フッ化ホウ素）ーメタノール法によりメチルエステル化し，ガスクロマトグラフィー（GC）にて定量する．

主な管理活用場面としては油脂単体・配合油脂の特徴把握，配合油脂の配合油種の推定に利用される．

2.4.9　水分

主としてカールフィッシャー水分計により測定される．測定原理として，滴定セル内でヨウ化物イオン・二酸化硫黄・アルコールを主成分とする電解液（カールフィッシャー試薬）が，メタノールの存在下で水と特異的に反応することを利用して，物質中の水分を定量する．一般的な精製油ではJAS規格において，水分および夾雑物として0.1％以下となっているものが多い[5]．主な管理活用場面としては品質管理である．

2.4.10　各種食用植物油の日本農林規格（JAS規格）

これまでに挙げた管理指標のうち，JAS規格値は色（黄・赤），水分および夾雑物（水夾），酸価およびヨウ素価である．各種主要油種のJAS規格値を**図表2.8**に示す．

2.5　高汎用油種の特性と用途[6]

食用油脂には種子の数だけその油脂があるといっても過言ではない．その中でも特に汎用的によく使用される油脂11種について，一般的な特徴や用途適正について述べる．次に述べることが，すべてそのとおりということではな

図表 2.8　各種主要油種の JAS 規格値[5)]

油脂名	色(黄)	色(赤)	水夾	酸価	比重	屈折率	けん化価	よう素価	不けん化物	特記事項
精製大豆油	特有	特有	≦0.10	≦0.20	0.916～0.922	1.472～1.475	189～195	124～139	≦1.0	
大豆サラダ油	≦25	≦2.5	≦0.10	≦0.15	0.916～0.922	1.472～1.475	189～195	124～139	≦1.0	
精製菜種油	特有	特有	≦0.10	≦0.20	0.907～0.919	1.469～1.474	169～193	94～126	≦1.5	
菜種サラダ油	≦20	≦2.0	≦0.10	≦0.15	0.907～0.919	1.469～1.474	169～193	94～126	≦1.5	
精製コーン油	特有	特有	≦0.10	≦0.20	0.915～0.921	1.471～1.474	187～195	103～135	≦2.0	
コーンサラダ油	≦35	≦3.5	≦0.10	≦0.15	0.915～0.921	1.471～1.474	187～195	103～135	≦2.0	
精製こめ油	特有	特有	≦0.10	≦0.20	0.915～0.921	1.469～1.472	180～195	92～115	≦4.5	
こめサラダ油	≦35	≦4.0	≦0.10	≦0.15	0.915～0.921	1.469～1.472	180～195	92～115	≦3.5	
精製サフラワー油 (べに花油・ハイリノール)	特有	特有	≦0.10	≦0.20	0.919～0.924	1.473～1.476	186～194	136～148	≦1.0	
精製サフラワー油(べに花油・ハイオレイック)	特有	特有	≦0.10	≦0.20	0.910～0.916	1.466～1.470	186～194	80～100	≦1.0	オレイン酸 70%以上
精製ひまわり油 (ハイリノール)	特有	特有	≦0.10	≦0.20	0.915～0.921	1.471～1.474	188～194	120～141	≦1.5	
ひまわりサラダ油 (ハイリノール)	≦20	≦2.0	≦0.10	≦0.15	0.915～0.921	1.471～1.474	188～194	120～141	≦1.5	
精製ひまわり油 (ハイオレイック)	特有	特有	≦0.10	≦0.20	0.909～0.915	1.465～1.469	182～194	78～90	≦1.5	オレイン酸 75%以上
ひまわりサラダ油 (ハイオレイック)	≦20	≦2.0	≦0.10	≦0.15	0.909～0.915	1.465～1.469	182～194	78～90	≦1.5	オレイン酸 75%以上
精製綿実油	特有	特有	≦0.10	≦0.20	0.916～0.922	1.469～1.472	190～197	102～120	≦1.5	
綿実サラダ油	≦35	≦3.5	≦0.10	≦0.15	0.916～0.922	1.470～1.473	190～197	105～123	≦1.5	
ごま油	特有	特有	≦0.25	≦4.0	0.914～0.922	1.470～1.474	184～193	104～118	≦2.5	
精製ごま油	特有	特有	≦0.10	≦0.20	0.914～0.922	1.470～1.474	184～193	104～118	≦2.0	
ごまサラダ油	≦25	≦3.5	≦0.10	≦0.15	0.914～0.922	1.470～1.474	184～193	104～118	≦2.0	
落花生油	特有	特有	≦0.20	≦0.50	0.910～0.916	1.468～1.471	188～196	86～103	≦1.0	
精製落花生油	特有	特有	≦0.10	≦0.20	0.910～0.916	1.468～1.471	188～196	86～103	≦1.0	
オリーブ油	特有	特有	≦0.30	≦2.0	0.907～0.913	1.466～1.469	184～196	75～94	≦1.5	
精製オリーブ油	特有	特有	≦0.15	≦0.60	0.907～0.913	1.466～1.469	184～196	75～94	≦1.5	
精製パーム油	特有	特有	≦0.10	≦0.20	0.897～0.905	1.457～1.460	190～209	50～55	≦1.0	比重，屈折率 at40℃
食用パームオレイン	−	−	≦0.10	≦0.20	0.900～0.907	1.458～1.461	194～202	56～72	≦1.0	mp≦24℃, POV≦5.0, 比重，屈折率 at40℃
食用パームステアリン	−	−	≦0.10	≦0.20	0.881～0.890	1.447～1.452	193～205	≦48	≦0.9	mp≧44℃, POV≦3.0, 比重，屈折率at60℃

食用植物油脂の日本農林規格（最終改正 平成 28 年 2 月 24 日農林水産省告示第 489 号）

く，油脂の品質，製造方法や精製度合い，個人差によっても特徴や用途適正も変わってくるので，そのことを踏まえて参考にしていただきたい．また，各油種それぞれに含まれる油脂以外の微量成分の特徴については，後述の「2.6 油脂に含まれる微量成分」に記載しているので参照いただきたい．

2.5.1 大豆油

不飽和脂肪酸であるオレイン酸やリノール酸が多く，リノレン酸も含まれバランスのとれた脂肪酸組成で，微量成分であるトコフェロール（ビタミンE）も比較的豊富な油種である．

色は淡黄透明で，少し甘味のあるうま味と，サラッとした舌触りでコクがある．光や酸素によって風味が変化し，特に光による劣化によって，特有の明所臭と呼ばれる臭気を発しやすい油脂である．加熱されると油っぽい風味であるが，揚げ物にコク味が付与されるためフライ油としてよく使用される．用途適正を**図表 2.9** に示す．

図表 2.9 大豆油の用途適正

用途 [◎：好適 ○：普通 △：不向き]				
揚げ物	炒め物	ドレッシング	製 菓	その他
◎	○	○	△	オイル漬け缶詰

2.5.2 菜種油（キャノーラ油）

一般的な菜種油はオレイン酸が約 60％の組成であるが，オレイン酸がさらに多く，リノレン酸が少ない High Oleic Low Linolenic（HOLL）タイプの菜種油もある．

精製油では加熱安定性や保存安定性が良く，酸化臭が少ないが，フライなどでの加熱の際には比較的強い加熱臭を感じる．HOLL タイプの菜種油は一般的な菜種油と比較して劣化に対する安定性が良く，酸化臭も少ない．

図表 2.10 菜種油の用途適正

用途 [◎：好適 ○：普通 △：不向き]				
揚げ物	炒め物	ドレッシング	製 菓	その他
◎	◎	◎	◎	－

色は淡く透明で，大豆油よりも淡泊な風味である．これらの特徴などから汎用性の高い食用油であり，日本では最も利用されている油種である．用途適正を**図表 2.10** に示す．

2.5.3　コーン油（とうもろこし油）

リノール酸が多い組成が特徴で，植物ステロール，トコフェロールなどの抗酸化性を有する微量成分を，他の油種と比較して多く含有する．そのため，酸化安定性が高く，加熱劣化にも比較的強いため，揚げ物の保存性が良い傾向にある．コーン胚芽（コーンジャーム）から圧搾・抽出法で採油され，精製された黄色が若干強めの透明な油で，コクのある甘いまろやかな風味を有する．また揚げ油として，特に天ぷらでは揚げ物にコクと甘味のある風味を付与する特徴がある．用途適正を**図表 2.11** に示す．

図表 2.11　コーン油の用途適正

用途　[◎：好適　○：普通　△：不向き]

揚げ物	炒め物	ドレッシング	製　菓	その他
◎	◎	◎	◎	オイル漬け缶詰

2.5.4　米油

オレイン酸含有量が約 40% で，不飽和脂肪酸が多く含まれる．微量成分で抗酸化性を有するγ-オリザノール，トコフェロール，トコトリエノールが比較的多く含まれ，色は茶黄色が少し強めの透明で，コク味を有するのが特徴である．別名，米糠油と呼ばれ，精米時に生じる糠から製造されるが，抽出前の糠の保管時に内在酵素リパーゼの作用により，ジグリセライドが比較的多めの油種である．用途適正を**図表 2.12** に示す．

図表 2.12　米油の用途適正

用途　[◎：好適　○：普通　△：不向き]

揚げ物	炒め物	ドレッシング	製　菓	その他
◎	◎	◎	◎	オイル漬け

2.5.5 べに花油（サフラワー油）

リノール酸が多いタイプ（ハイリノール）と，オレイン酸が多いタイプ（ハイオレイン）があり，それぞれ約76%程度の組成を有する．現在では，健康的なイメージや酸化安定性が良い点などから，ハイオレインタイプが主流となっている．色は淡く透明で，あっさりとした風味が特徴である．用途適正を**図表2.13**に示す．

図表2.13 べに花油の用途適正

用途 [◎：好適 ○：普通 △：不向き]				
揚げ物	炒め物	ドレッシング	製　菓	その他
◎	◎	◎	○	–

2.5.6 ひまわり油

ハイリノールタイプとハイオレインタイプがある．ハイオレインタイプはオレイン酸含量が70%以上でワックス分が比較的多く，冷蔵庫中の冷却で若干沈殿が認められることがあるが常温では認められない．色は淡く透明で，あっさりとした風味を特徴とし，ハイオレインタイプは酸化安定性が良好で，加熱安定性も良く加熱臭が少ない．用途適正を**図表2.14**に示す．

図表2.14 ひまわり油の用途適正

用途 [◎：好適 ○：普通 △：不向き]				
揚げ物	炒め物	ドレッシング	製　菓	その他
◎	◎	◎	○	オイル漬け缶詰

2.5.7 綿実油

綿花栽培の副産物である種子から得られる，フライ油用途が中心の食用油である．リノール酸が約55%の組成を有し，色は透明に近い淡黄色でコクのあ

図表2.15 綿実油の用途適正

用途 [◎：好適 ○：普通 △：不向き]				
揚げ物	炒め物	ドレッシング	製　菓	その他
◎	○	○	–	オイル漬け缶詰

る甘味様の風味を持つ．単体油として，またはごま油との組み合わせが好ましく，高級天ぷら専門店で使用されることもある．用途適正を**図表 2.15** に示す．

2.5.8 ごま油

焙煎したごま種子より圧搾法で得られる．健康機能面で注目されている微量成分としてセサミン，セサモールを含み酸化安定性が良く，独特の香ばしさと特有の色を持つ．

ごま油では焙煎の煎り度合いが深い「濃口」，煎り度合いが浅い「淡口」，焙煎をせずに搾油する「太白」の3タイプの製品群に大別され，16.5 kg（一斗缶）当たり 19,000 円前後[7] の高価な油である．

濃口タイプは種子焙煎温度が高く，ごま特有の香りを持ち，色が濃く（茶系）少し苦みがあり，淡口タイプでは種子焙煎温度が低く，風味，香りともマイルドである．一方で，焙煎せずに搾油，精製処理を行った太白は，あっさりとした無色透明のごま油である．用途適正を**図表 2.16** に示す．

図表 2.16 ごま油の用途適正

用途 [◎：好適 ○：普通 △：不向き]

揚げ物	炒め物	ドレッシング	製 菓	その他
◎ 揚げ油に焙煎ごま油を3～6割配合	◎	○	−	食卓用 風味付け

2.5.9 落花生油

オレイン酸約 55%，リノール酸約 30% の脂肪酸組成で酸化安定性，加熱安定性を有するが，低温で固化しやすい．色は淡く透明なものが多く，甘味様とコク味の風味を有する．焙煎して搾油したものは芳香落花生油と呼ばれる．香ばしく甘味様の味が増し，香りは飛びやすい傾向にあるが，中華料理に好適な

図表 2.17 落花生油の用途適正

用途 [◎：好適 ○：普通 △：不向き]

揚げ物	炒め物	ドレッシング	製 菓	その他
○～◎	◎	△	−	風味付け

油種である．用途適正を**図表 2.17** に示す．

2.5.10　オリーブオイル

独特の風味を持ち，オレイン酸が 70〜80％程度の組成を有する．果実からの圧搾のため，品種，産地，気候などで風味が異なる．バージンオリーブオイルは，未精製であるため低温下で沈殿，固化する場合がある．他方で，ポリフェノール類が多く含まれ，健康イメージが高い．

特有の緑系色，香りと味を有し，エキストラバージンオリーブオイル，バージンオリーブオイル，ピュアオリーブオイルの 3 つのタイプに大別される．

バージンオリーブオイルはオリーブ果実より圧搾し，得られた圧搾油中の夾雑物を除去した油である．色は黄金色から緑色で，フルーティな風味強いタイプ，苦みが強いタイプなどがある．高級品質のものは「エキストラバージンオリーブオイル」と呼ばれる．ピュアオリーブオイルは色は黄色から淡黄色で，サラッとした口当たりと軽い風味を持つ．バージンオリーブオイルと精製オリーブオイルをブレンドしたもので，精製オリーブオイルとはバージンオリーブオイルを精製したものであり，色は淡く透明で，あっさりとした風味である．用途適正を**図表 2.18** に示す．

図表 2.18　オリーブオイルの用途適正

用途 [◎：好適 ○：普通 △：不向き]				
揚げ物	炒め物	ドレッシング	製　菓	その他
◎ 揚げ油にバージンオリーブオイル 1〜3 割配合	◎	○〜◎	△〜○	食卓用 風味付け オイル漬け

2.5.11　パーム油・パーム系油脂

パーム油は，常温で半固形か固形の油で，不飽和脂肪酸であるオレイン酸と飽和脂肪酸であるパルミチン酸が，約半々の組成である．冷却等により分別をした液状部を「パームオレイン」，固形部を「パームステアリン」と呼ぶ．パームオレインをさらに分別した「スーパーオレイン」もある．これらパーム油とその分別油を「パーム系油脂」と総称することがある．パーム油は，酸化安定性に優れ加熱安定性も高い．色は溶解している状態で透明な淡黄色であ

図表 2.19 パーム油・パーム系油脂の用途適正

用途 [◎：好適 ○：普通 △：不向き]

揚げ物	炒め物	ドレッシング	製 菓	その他
◎	△	△	◎	−

り，半固形であるため口解け性が悪く感じることがある．味は淡泊で香りがなく，酸化するとパーム油特有の臭気を有する．国内製品は精製レベルが高く，パーム油特有の臭気が少ない．揚げ物には他の食用油脂と配合され惣菜，外食産業のフライ用として使用されることが多い．また揚げ菓子，即席めん，スナック菓子などの保存性が求められる食品に好適である．用途適正を**図表 2.19** に示す．

2.6 油脂に含まれる微量成分[8)]

油脂にはトリグリセライドのほかに，抗酸化性を有する成分や，健康機能性を有する成分などの多種の微量成分が含有している．ここでは，その中でも代表的な微量成分について述べる．

2.6.1 植物ステロール

ほとんどの植物油に豊富に含まれ，特に米油，菜種油，コーン油，大豆胚芽（胚軸）油などに多く含まれる．植物ステロールは，小腸でコレステロールの吸収を抑制する作用があり，血中コレステロールを低下させる効果があるとされる．実際には，特定保健用食品として，大豆胚芽を多く含む原料から製造された製品がある．

2.6.2 トコフェロール

トコフェロールはビタミンEとして知られ，日本人が摂取するビタミンEの30%程度が植物油から摂取されている．トコフェロールには4種の異性体があり，特にα-トコフェロールは生体内で高い抗酸化作用を有し，老化防止などの効果が期待されている．γ-，δ-トコフェロールは生体外での抗酸化能が高く，フライ油や保存油への抗酸化に効果がある．また，規格型の栄養機能食品の栄養成分の一つであり，この場合，α-トコフェロールの含有量がビタミンEの含有量となる.

2.6.3 トコトリエノール

トコフェロールの同族体で，米油とパーム油に含有する成分で，トコフェロールと同様に抗酸化作用を有するとされる.

2.6.4 リグナン類

リグナン類はほとんどの植物油に微量に含まれるが，ごま油には特徴的なリグナン類が比較的多く含まれる．生体抗酸化機能があり，その一つであるセサミンは肝臓でのアルコール分解作用があることから，サプリメントとしても利用されている.

2.6.5 オリザノール

米油に特有の物質で，ビタミンEと同様の効果がある．また，γ-オリザノールには抗うつ作用があり，医薬品としても用いられている.

2.6.6 ポリフェノール類

ポリフェノールとは，植物特有の成分で，ベンゼンに水酸基が結合したポリフェノール性水酸基を分子内に多数含む化合物の総称である．数千種類存在するとされ，例えば，赤ワインやお茶などに含まれるタンニン類，カテキン類などが有名である．オリーブ油にもヒドロキシチロソール，オレウロペイン，オレオカンタールなどが微量に含まれ，生体抗酸化機能や血糖値上昇抑制などが期待される．しかし，明確な効果を確認できる量を含むものではなく，この効果だけを過大に期待して過剰に摂取すると，カロリー過多などが懸念される.

2.6.7 β-カロテン

未精製の植物油に含まれる抗酸化成分であるが，精製工程で分解，除去されるため普通の製品には含まない．パーム油もしくはパームオレインについて，分子蒸留などの特別の精製を行い，製品中にβ-カロテンを残存させた商品（レッドパームオイル）がある.

2.6.8 リン脂質

未精製の大豆原油にも含まれる成分で，精製工程の脱ガム工程で水和によって分離される．分離されたリン脂質（ウェットガム）を乾燥後，冷却したものが大豆レシチンとなる．リン脂質は生体膜の構成成分であり，そのほか，動脈硬化症や脂肪肝などの予防が期待されている．

大豆レシチンの用途は，食品の乳化剤として利用されるほか，例えば炒め調理時の食材と調理器具（フライパンなど）との結着を防止したり，麺のほぐし作用などの「離型性」を有しているため，離型機能を有する炒め油に数%程度，配合されている．ただし，加熱によって褐変し色が濃くなるため，高含有での使用は不向きである．

2.6.9 油脂の栄養機能成分吸収機能

食用油は，それ自体がビタミンEの供給源であるが，ビタミンA，E，D，Kなどの脂溶性ビタミンを体内に吸収するため，不可欠な食品である．人参，ピーマンなど緑黄色野菜に多く含まれるカロテン（体内代謝でビタミンAに転化）は，植物油とともに食べることで体内に吸収される重要な機能を持つ．

2.7 油脂製造方法

食用油脂の製造は油糧原料の水揚げ，保管，夾雑物を除去する精選，前処理を経て圧搾，抽出へと進む．油糧原料には菜種やコーン胚芽などの油分が約40%程度，もしくはそれ以上含有する油糧原料と，大豆などの油分が約20%程度，もしくはそれ以下を含有する油糧原料に大別することができる．

約40%程度，もしくはそれ以上含有する油糧原料は，精選，前処理後に圧偏されたフレークを圧搾工程により15～25%程度にまで圧力により絞られ採油される．この圧搾はエキスペラと呼ばれる圧搾機によって，圧力が加えられ油脂が絞り出されるが，一般的な圧搾機は連続式のスクリューによって，排出口が規制された出口へ押し込むことにより圧力を加え，絞り出た圧搾油を採油する装置である．

この圧搾によって得られる圧搾粕の残油分を，次の工程として有機溶剤（n-ヘキサン）によって抽出され，ミセラと呼ばれる油脂と有機溶剤の混合物から有機溶剤を除去し，精製前の原油が得られる．

約20％程度，もしくはそれ以下を含有する油糧原料は精選，前処理後にフレークとされ溶剤抽出されることが一般的である．

油糧原料より得られた圧搾油と抽出油は単独，または混合され，通常の工程として脱ガム，脱酸，水洗，脱色，脱ロウ，脱臭の各精製工程を経て製品油となる．

脱ガムは原油中に含まれるリン脂質を除去する工程で，原油に水を添加し，リン脂質と水和させ分離する．“ウェットガム”と呼ばれる分離したリン脂質の水和物は，その後乾燥されレシチンとなる．

脱酸は油中の遊離脂肪酸を除去する工程で，遊離脂肪酸含量と等量程度の水酸化ナトリウム水溶液を添加し，遊離脂肪酸を石鹸にすることで分離，除去される．除去された脂肪酸石鹸は“フーツ”と呼ばれ，脂肪酸や燃料の原料となる．その後の水洗処理は，使用薬剤を温水で洗浄し洗い流す工程で，洗浄後乾燥され次工程の脱色へと送られる．

脱色では活性白土と呼ばれる吸着剤を添加し，クロロフィルなどの色素成分を吸着除去する工程である．添加し吸着処理を終えた活性白土は，フィルタープレスなどの分離機で除去される．

脱臭は油脂製造の最後の工程で，240〜250℃程度の温度で高真空水蒸気蒸留を行うことにより，有臭成分や微量成分の一部を除去する工程である．有臭成分や微量成分を含む油脂より分離された留出物は“スカム”とも呼ばれ，トコ

図表 2.20　一般的な搾油・精製フローダイヤグラム

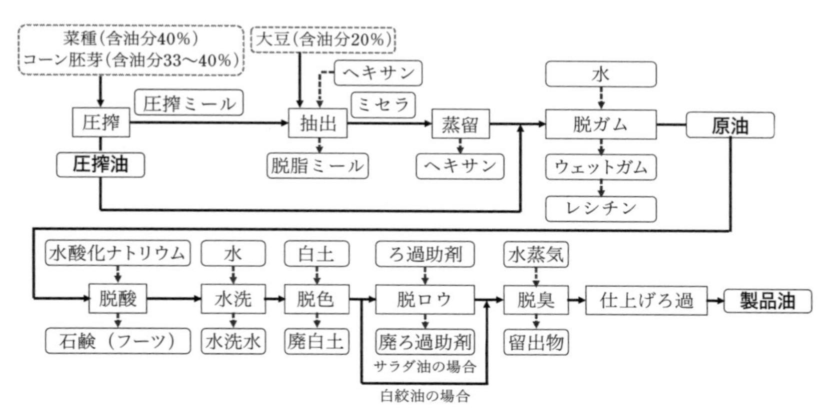

フェロール製剤や植物ステロールの原料となる．脱臭が終わった油脂はタンクに保管され，配合や充填・包装が行われ出荷される．一般的な搾油・精製工程を**図表 2.20** に示す．

2.8　食用油脂に関する最近の動向

2.8.1　トランス脂肪酸

通常，不飽和脂肪酸の二重結合部の立体構造はシス体であるが，食用油脂を「部分水素添加」加工することにより，トランス体へと異性化したものがトランス脂肪酸と呼ばれる．

トランス脂肪酸は，食用油脂精製の脱臭処理や，牛の反芻の中に生息する微生物によって微量に生成するが，ほとんどのトランス脂肪酸は，この部分水素添加加工により生成され問題となっている．

この部分水素添加加工とは，常温で液体の植物油や魚油などの食用油脂をNi系触媒の下で水素と反応させることにより，不飽和脂肪酸の二重結合を部分的に単結合に変化させ，半固体または固体の食用油脂を製造する加工技術である．水素添加された油脂は水素添加油脂または水添脂と呼ばれ，マーガリン，ファットスプレッドやショートニングを製造するのに非常に良い物性と，水素添加臭と呼ばれる加熱時に甘い独特の臭気を発する．この物性や臭気が洋菓子やパンなどと相性が良く，また，二重結合が減少することにより酸化安定

図表 2.21　シス脂肪酸とトランス脂肪酸[9)]

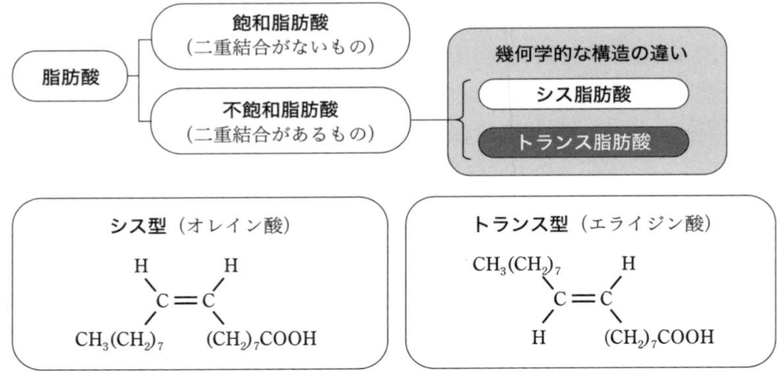

農林水産省ホームページ「トンラス脂肪酸」

図表 2.22　トランス脂肪酸に関する各国・地域の規制状況（2019.8.9 現在）[12]

対応状況	国・地域
食品中のトランス脂肪酸濃度の上限値を設定	EU（デンマーク / オーストリア / フランス），英国，スイス，シンガポール
食品への部分水素添加油脂の使用を規制	米国（ニューヨーク市 / カリフォルニア州），カナダ，台湾，タイ
食品中のトランス脂肪酸濃度の表示を義務付け	韓国，中国，香港
食品中のトランス脂肪酸の自主的な低減を推進	オーストラリア・ニュージーランド

農林水産省ホームページ「トランス脂肪酸に関する各国・地域の規制状況」

性が高くなり，フライ油としても利用されてきた.

しかし，2003 年に世界保健機関（WHO）によって，トランス脂肪酸の過剰摂取により心筋梗塞などの心血管疾患のリスクが高まることが指摘され，トランス脂肪酸の摂取を，総エネルギー摂取量の 1%未満に抑えるという勧告（目標）基準が示された.

日本人のトランス脂肪酸の摂取量は，米国の 2.2%に対して，平均値で総エネルギー摂取量の 0.3%であり，トランス脂肪酸の摂取が多い方から上位 5%の人についても，0.7%（男性），0.75%（女性）で WHO の勧告基準を下回っている．そして，2012 年 3 月に食品安全委員会が取りまとめた食品健康影響評価において，通常の食生活では健康への影響は小さいと考えられている[10, 11].

一方で国際的な動向として EU，スイス，シンガポールにおいては，食品中のトランス脂肪酸濃度の上限値を設定し，米国，カナダ，台湾，タイでは，食品への部分水素添加油脂の使用を規制している．また，韓国，中国，香港では食品中のトランス脂肪酸含量の表示を義務付けをし，オーストラリアやニュージーランドでは自主的な低減を推進している[12].

最新の情報として，米国では 2015 年 6 月に FDA（米国食品医薬品局）が，トランス脂肪酸が多く含まれる部分水素添加油脂は，GRAS（従来から使われており安全が確認されている物質）ではないとして，2018 年から食品に使用するためには FDA の承認が新たに必要であることを決定した.

食品事業者の取り組みとして，食品の風味や品質を保持しつつ，部分水素添加油脂をパーム系油脂やエステル交換油と置き換えるなど，低減する努力が続けられている．その際には過度に摂取すると，健康に悪影響を与えるかもしれない成分が増えないように，食品中のトランス脂肪酸の低減化，もしくはフリー化が進められている[13]．また，マーガリンやファットスプレッドを中心に「部分水素添加油脂不使用」などの表示や，ホームページ上などで取り組みを説明している，食品事業者や業界団体などもある．

2.8.2　油脂中の 3-MCPD 脂肪酸エステル類とグルシドール脂肪酸エステル類

クロロプロパノール類である 3-MCPD（3-モノクロロ-プロパンジオール）は，植物性のタンパク質を酸で加水分解して，酸加水分解植物性タンパク（アミノ酸液）を製造する際に，生成することが知られている．また，精製された食用油脂中に，3-MCPD と脂肪酸が結合した「3-MCPD 脂肪酸エステル類」が含まれることが明らかになった[14]．

脂肪酸の結合がない 3-MCPD は，発がん性や遺伝毒性について強く懸念されているリスク懸念物質とされ，国際がん研究機関（IARC）は 3-MCPD をグループ 2B の「ヒトに対して発がん性がある可能性がある」に分類している．

一方で，3-MCPD 脂肪酸エステル類と同様に，精製された食用油脂中からグルシドールと脂肪酸が結合した「グルシドール脂肪酸エステル類」が含まれることも明らかになっている．脂肪酸の結合していないグリシドールは同じく国際がん研究機関（IARC）において，グループ 2A の「ヒトに対しておそらく発がん性がある」と評価され分類されている．

問題となるのは，ヒトが摂取することにより，リパーゼなどの作用によって脂肪酸が離脱し 3-MCPD，グリシドールとなって人体に影響をおよぼすのではないかという点である．

農林水産省による 3-MCPD 脂肪酸エステル類とグリシドール脂肪酸エステル類の食品安全に関するリスクプロファイルシートには，2012〜2013 年度の食品中に含まれる 3-MCPD 脂肪酸エステル類の総量として，遊離した 3-MCPD 濃度を測定した結果，調査点数 119 点の食用植物油脂中に 0.3（定量限界）以下から 5.3 mg/kg（ppm）の濃度範囲で含まれていることが示されている[15]．同様にグルシドール脂肪酸エステル類の場合，2012〜2013 年度の食品中に含まれるグリシドール脂肪酸エステル類の総量として，遊離したグリシドール濃度を測定した結果，調査点数 119 点の食用植物油脂中に 0.3（定量限界）以下から 6.8 mg/kg（ppm）の濃度範囲で含まれていることが示されている[16]．

図表 2.23　3-MCPD 脂肪酸エステル類とグルシドール脂肪酸エステルの生成イメージ

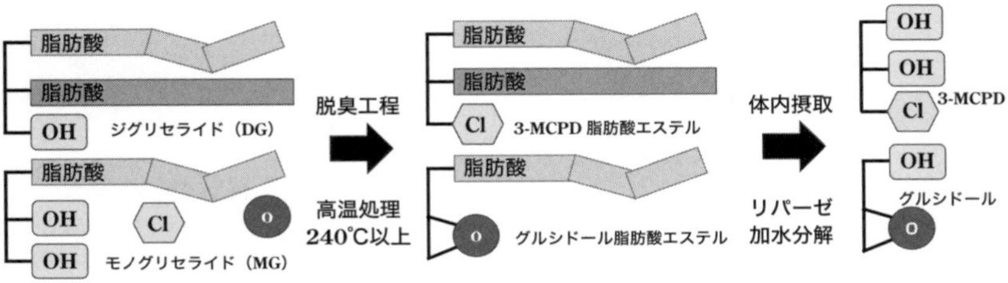

これらの物質は食用油脂の精製過程，特に脱臭処理で微量に含有するジグリセライド（ジアシルグリセロール・DAG）やモノグリセライドから主に生成することが明らかになっている．その生成イメージを**図表 2.23** に示す．

内閣府・食品安全委員会は公表した平成 29 年 6 月 23 日付「食品からの 3-クロロ-1,2-プロパンジオール（3-MCPD）脂肪酸エステルの摂取」において，3-MCPD 脂肪酸エステル摂取の健康への影響について次のように述べている[17]．

「日本における国民平均の摂取量は，JECFA（FAO/WHO 合同食品添加物専門家会議）による 2016 年の推計によれば 0.1μg/kg 体重 / 日であり，JECFA が設定した耐容一日摂取量（4 μg/kg 体重 / 日）を大きく下回っていることから，健康への懸念はないと考えられます．他方，乳児においては，乳児用調製粉乳の 3-MCPD 脂肪酸エステル濃度として最大値を用いて推計した値は，JECFA による耐容一日摂取量よりも大きくなります．

しかしながら，

ア．JECFA が耐容一日摂取量の設定に用いた動物試験における投与量（1.97～37.03mg/kg 体重 / 日）と，食品安全委員会が乳児用調製粉乳の 3-MCPD 脂肪酸エステル濃度として最大値を用いて推計した乳児における摂取量とでは大きな開きがあることから，ヒトの健康影響に直ちに結びつくものではないこと

イ．2006 年に油脂中の 3-MCPD 脂肪酸エステルの存在が確認される以前から，乳児用調製粉乳には含まれていたと考えられるものの，これが原因と考えられる健康被害の報告はみられないこと

などから，直ちに乳児の健康影響を懸念する必要はないと考えています．

むしろ，育児用調製粉乳には母乳に含まれる栄養素がバランスよく含まれて

おり，乳幼児の発育にとって代替品のない必要不可欠な食品であり，栄養不良によるリスクも勘案すると，これまで通り与えることが重要です．他方，食品中の3-MCPD脂肪酸エステルの濃度を低減するための適切な取組みが進められることが重要と考えています．」

同委員会はまた，公表した平成27年1月21日更新の「高濃度にジアシルグリセロール（DAG）を含む食品に関連する情報（Q&A）」において，グルシドール脂肪酸エステル摂取の健康への影響について次のように述べている[18]．

「食品安全委員会では，高濃度にジアシルグリセロールを含む食品の安全性に係る審議において，グリシドール脂肪酸エステルから生成するグリシドールは遺伝毒性発がん物質である可能性を否定することができないことから，本件についても審議を進めてまいりました．

審議の結果，グリシドール脂肪酸エステルを不純物として含むDAG油の発がんプロモーション作用は否定され，また，実験動物を用いた試験系において，問題となる毒性影響は確認されませんでした．

加えて，我が国で現在流通している食用油に含まれるグリシドール脂肪酸エステル含量は低く（DAG油と比べて，数十分の1程度），その全てが等モル量のグリシドールに変換されるという仮定の下，過大に見積もって試算しても，剰余腫瘍発生リスク（10^{-4}，10^{-5}及び10^{-6}に相当するばく露量は，それぞれ1.6×10^{-3}，1.6×10^{-4}，1.6×10^{-5} mg/kg体重／日）は極めて低く，ばく露マージン（MOE，Q13参照※）は10,000を僅かに下回る値と試算され，一定のばく露マージンが確保されていました．また，諸外国においても，ヒトにおけるグリシドール脂肪酸エステル摂取による健康被害の報告は確認されていません．

これらの結果は，現在使用されている食用油の摂取について，直接健康影響を示唆するものではないと判断しました．

しかしながら，グリシドールは遺伝毒性発がん物質である可能性を否定することはできないため，ALARA（As Low As Reasonably Achievable）の原則に則り，様々なほかのハザードのリスク等も勘案しつつ，引き続き合理的に達成可能な範囲で出来る限りグリシドール脂肪酸エステルの低減に努める必要があると考えています．

※ MOEとは，Margin of Exposureの略称で，日本語では，ばく露マージン（ばく露幅）と言われるものです．毒性試験等で得られた無毒性量（NOAEL），最小毒性量（LOAEL），BMDL（Benchmark Dose Lower Confidence Limit）などの健康影響に関する評価値を，実際のヒトのばく露量（摂取量）あるいは推定摂取量で割った値のことです．その毒性の強さや不確かさを考慮してリスク管理の優先付けを行う手段として用いられています.」

このように，食品安全委員会は現在使用している食用油の摂取について，健康への懸念はないと考えられる，または直接健康影響を示唆するものではないとの見解を示している．

引用・参考文献

1) （一社）日本植物油協会ホームページ「2. 植物油に含まれる脂肪酸」（https://www.oil.or.jp/kiso/eiyou/eiyou02_02.html）表5, ダウンロード日 2020.2.2 公益財団法人日本油脂検査協会資料
2) 菊川清見「油脂・脂質とは何か」オレオサイエンス 第1巻 第1号 (2001) p75
3) 日本水産油脂協会ホームページ（http://www.suisan.or.jp/html/kisochishiki.html）ダウンロード日 2019.2.21
4) Illust AC（https://www.ac-illust.com/)）「三大栄養素」よりダウンロード
5) 食用植物油脂の日本農林規格（最終改正 平成28年2月24日農林水産省告示第489号）
6) 鈴木修武著「大量調理における食用油の使い方」幸書房 p1-8 (2010)
7) 月刊・油脂 2019年9月号「資料」幸書房 Vol. 72, No.9 (2019) p105
8) 日本植物油協会ホームページ「(4) 植物油に含まれる微量成分」https://www.oil.or.jp/kiso/eiyou/eiyou02_04.html ダウンロード日 2019.12.10
9) 農林水産省ホームページ「トランス脂肪酸」（http://www.maff.go.jp/j/syouan/seisaku/trans_fat/t_kihon/trans_fat.html）ダウンロード日 2019.9.24
10) 厚生労働省ホームページ「トランス脂肪酸に関するQ＆A」（https://www.mhlw.go.jp/stf/seisakunitsuite/bunya/0000091319.html）ダウンロード日 2019.9.24
11) 食品安全委員会ホームページ「食品に含まれるトランス脂肪酸の食品健康影響評価の状況について」（https://www.fsc.go.jp/osirase/trans_fat.html）ダウンロード日 2019.9.24
12) 農林水産省ホームページ「トランス脂肪酸に関する各国・地域の規制状況」更新日 2019.8.9（http://www.maff.go.jp/j/syouan/seisaku/trans_fat/overseas/overseas.html）ダウンロード日 2019.9.24
13) 農林水産省ホームページ「食品中のトランス脂肪酸の低減」（http://www.maff.go.jp/j/syouan/seisaku/trans_fat/t_torikumi/red.html）ダウンロード日 2019.9.25
14) 農林水産省ホームページ「食品中のクロロプロパノール類及びその関連物質に関する情報」（http://www.maff.go.jp/j/syouan/seisaku/c_propanol/index.html）ダウンロード日 2019.9.25

15) 農林水産省ホームページ「食品安全に関するリスクプロファイルシート（化学物質）更新日：2017 年 5 月 17 日 」(http://www.maff.go.jp/j/syouan/seisaku/risk_analysis/priority/hazard_chem/pdf/170517_3-mcpde.pdf) ダウンロード日 2019.12.12
16) 農林水産省ホームページ「食品安全に関するリスクプロファイルシート（化学物質）更新日：2017 年 5 月 17 日 」(http://www.maff.go.jp/j/syouan/seisaku/risk_analysis/priority/hazard_chem/pdf/170517_ge.pdf) ダウンロード日 2019.12.12
17) 食品安全委員会ホームページ「食品からの 3-クロロ-1,2-プロパンジオール（3-MCPD）脂肪酸エステルの摂取」平成 29 年 6 月 23 日 (https://www.fsc.go.jp/hazard/fscj_message_20170623.data/fscj_message_20170623.pdf) ダウンロード日 2019.12.12
18) 食品安全委員会ホームページ「高濃度にジアシルグリセロール（DAG）を含む食品」に関連する情報（Q&A）」平成 27 年 1 月 21 日更新 Q13, Q15 (http://www.fsc.go.jp/sonota/dag/dag1_qa_20150121.pdf) ダウンロード日 2019.12.12

第3章　食用油脂劣化の基礎知識

食用油脂の劣化を制御や防止をするためには，その基礎的なメカニズムなどの知識が重要になってくる．本章では食用油脂の劣化を科学的観点や基本的な知見を主に取上げ，劣化防止技術の理解を，より深めることを目的として述べる．

3.1　自動酸化

油脂は常温下でも徐々に酸素と反応し酸化する．ここではその自動酸化のメカニズムとその現象について述べる．

3.1.1　油脂の自動酸化と劣化臭

自動酸化とは，常温下における，酸素によって起こる酸化反応で，油脂が空気と接触していると，はじめは酸素の吸収はあまり認められないが，しばらくすると，その吸収が増大し酸化の速度が速くなる．

油脂の自動酸化には，**図表 3.1** に示すような初期から誘導期間，過酸化物生成，過酸化物分解，重合，分解の5つの状態があるが，大別すると，ヒドロペルオキシド（過酸化物）の生成と分解である．

油脂製品や油脂を多く含む食品では，初めは無臭でも長期間保存すると種々の臭いが発現し，商品価値が低下したり，クレームの原因となる．この保存中に発生してくる臭いは「戻り臭」，さらに劣化が進行すると「変敗臭」と呼ばれる劣化臭である．

戻り臭は，油脂の極めて初期の酸化で生じる臭いで，青臭い，魚のような臭気となることがある．このような油脂をドレッシングなどの生食用に使用すると，不快な風味を有し製品品質の低下を招くことがある．

変敗臭については，極めて強い臭いで「ペンキのような」と表現されることがある．この臭いの成分は非常に複雑であるが，主にアルデヒドやケトンで，

図表 3.1　自動酸化の概要[1]

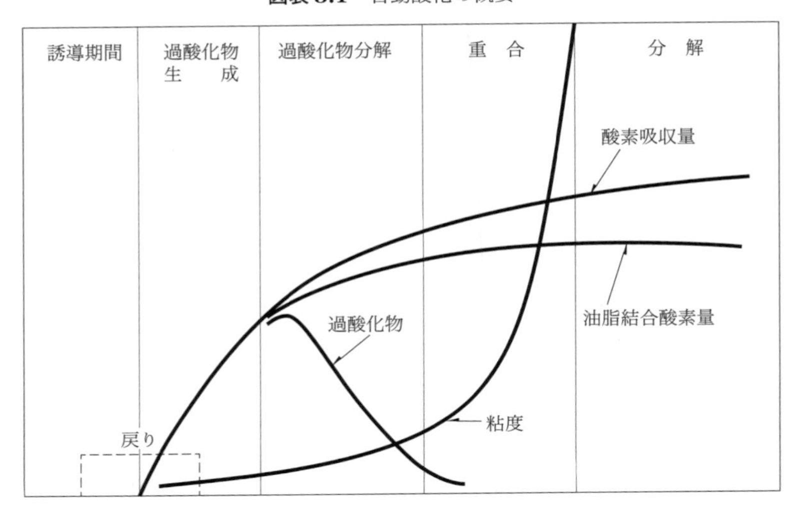

臭いだけではなく食味も非常に悪くなる．このレベルまで劣化した油脂類は栄養学的に劣るほか，その程度がひどいものは毒性を呈するようになる．

3.1.2　自動酸化とそのメカニズム[2]

油脂の自動酸化は，常温で油脂と空気が接触していると自然に生じる現象あり，開始，進行，停止の段階を経る．

(1) 開始（Initiation）

油脂を構成する不飽和脂肪酸の二重結合の隣にある CH_2 基の H（水素）は不安定で熱，紫外線，銅や鉄などの金属等により離脱しフリーラジカル（R・）となる．

これが開始であり，不飽和脂肪酸を RH で表すと以下のようなフリーラジカルとなる．

$$RH \rightarrow R\cdot + H\cdot$$

(2) 進行（Propagation）

フリーラジカル（R・）に酸素が結合し，ペルオキシラジカル（ROO・）となり，このラジカルが他の不飽和脂肪酸から水素を引き抜いて，ヒドロペルオキシド（hydroperoxide, ハイドロパーオキサイド）になる．

水素が引き抜かれた脂肪酸は新たなフリーラジカル（R・）となって，同様の反応を繰り返しヒドロペルオキシドになる．この連鎖反応が繰り返され，不飽和脂肪酸はヒドロペルオキシドになり増えてゆく．

R・　＋　O_2　→　ROO・

ROO・　＋　RH　→　R・　＋　ROOH

(3) 停止（Termination）

ヒドロペルオキシドが増加し蓄積され，酸化されていない不飽和脂肪酸が少なくなってくると，フリーラジカル同士が結合するようになり，フリーラジカルが減少すると共に連鎖反応が停止してゆく．次の反応ステップとして，二次的な酸化へ移行する．

R・　＋　R・　→　R—R

R・　＋　ROO・　→　ROOR

ROO・　＋　ROO・　→　ROOR　＋　O_2

不飽和脂肪酸の自動酸化により，ヒドロペルオキシドが生じるが，ヒドロペルオキシ基（－OOH）は二重結合の隣の炭素に生成する．

この反応をオレイン酸，リノール酸，およびα-リノレン酸の自動酸化で見てみると，オレイン酸はエステル結合から9番目の炭素に二重結合を有する．

図表 3.2　オレイン酸の自動酸化

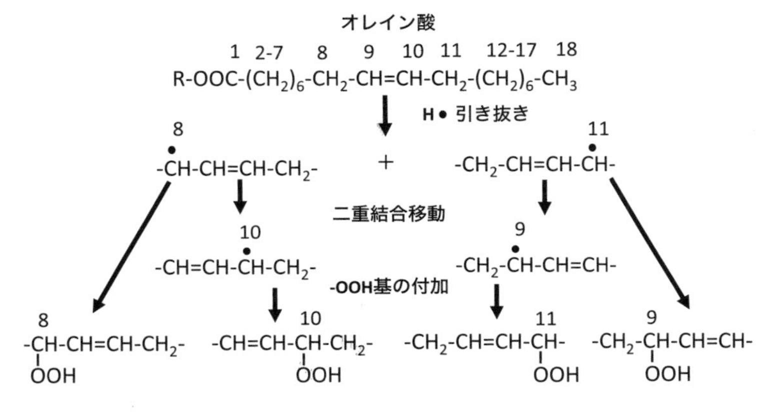

図表 3.2 のように，この二重結合に隣り合う 8，11 番目の炭素から水素が引き抜かれフリーラジカルが生じ，そして，8，10 番目の炭素に二重結合が移動することになり，結果として 8，9，10，11 番目の炭素に OOH 基が付加した 4 種類のヒドロペルオキシドが生じる．

リノール酸は二重結合を 2 つ有し，その自動酸化では二重結合の間に挟まれているメチレン基（$-CH_2-$）が反応しやすく，活性メチレン基とも呼ばれている．そのため，11 番目のメチレン基から水素の引き抜きが始まり，**図表 3.3** のように，9 番目と 13 番目の炭素の OOH 基が付加する．

リノール酸の酸化はオレイン酸と比較して 12〜20 倍の速さで進むとされている．

α-リノレン酸の場合は二重結合に挟まれたメチレン基が 11，14 番目に 2 つ存在するので水素の引き抜きが多く生じる．そして最終的には一次生成物として，9，12，13，16 番目に OOH 基が付加したものが生じる．α-リノレン酸の酸化では，ヒドロペルオキシドの生成と共に，二次的な反応が素早く生じる．

油脂の酸化においては，不安定なヒドロペルオキシドの生成を始めとして，二次生成物へと変化してゆく．**図表 3.4** に二次生成物への変化をオレイン酸の酸化を例に示す．この図はオレイン酸の 9 番目の炭素に OOH 基が付加したと仮定し，その後の反応と生成物をモデル的に示したものである．

図表 3.4 より，アルデヒド，ケトン，アルカン，およびアルケンなどが二次生成物として生成するが実際の反応は非常に複雑で，これに重合等の反応も加わり，重合体やエポキシド，低級脂肪酸などへと進む．

図表 3.3　リノール酸の自動酸化

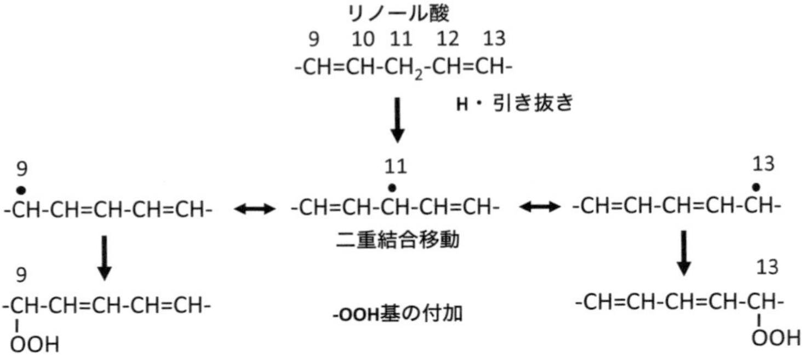

リノール酸
9　10　11　12　13
$-CH=CH-CH_2-CH=CH-$
H・引き抜き
9
-ĊH-CH=CH-CH=CH-　↔　11 -CH=CH-ĊH-CH=CH-　↔　13 -CH=CH-CH=CH-ĊH-
二重結合移動
9
-CH-CH=CH-CH=CH-
OOH
-OOH基の付加
13
-CH=CH-CH=CH-CH-
OOH

図表 3.4 オレイン酸ヒドロペルオキシド（過酸化物）の生成と二次生成物モデル

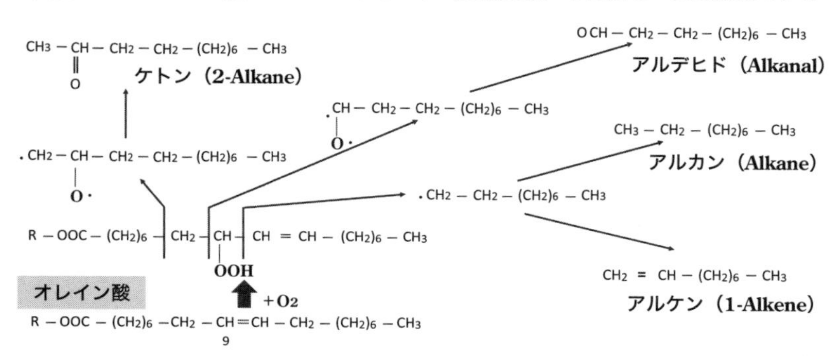

3.1.3 揮発性成分とその臭気強度

前項で述べたようにヒドロペルオキシドから反応が進み，生成したアルデヒド類やケトン類は臭気となって感じるようになる．**図表 3.5** に保存油脂中の主要揮発性成分とその臭気特徴を示す．

キャノーラ油の主要構成脂肪酸はオレイン酸で約 60％であるが，α-リノレン酸も 10〜15％程度含むため，酸化初期は α-リノレン酸由来である 2,4-heptadienal が揮発性成分として多い．酸化が進むにつれオレイン酸，リノール酸由来である hexanal，nonanal，2.4-decadienal などの揮発性成分が増加する．

大豆油の主要構成脂肪酸はリノール酸が約 50％であるため，リノール酸由来の 2-heptenal が揮発性成分として多く hexanal，2-octenal，2,4-decadienal，2-pentylfuran なども発生する．また，α-リノレン酸を 10％程度含むため，4-heptadienal，1-octen-3-ol などの成分も多い．

同じく主要構成脂肪酸のリノール酸が約 50％であるコーン油では，hexanal や 2-heptenal といった揮発性成分が多いなど，各種油脂それぞれに特徴を有する．その他，アルデヒド類だけではなく，大豆油の 1-octen-3-ol，1-penten-3-ol や，オリーブ油の 3(2)-hexen-1-ol などのアルコール類の揮発性成分も生じる[3]．

図表 3.5　保存油脂中の主要揮発性成分と臭気特徴

	食用油脂 [4]				臭気特徴 [5]		
揮発性成分	キャノーラ油	大豆油	コーン油	オリーブ油	臭気特徴	trans/cis	閾値 ppm
2-Pentenal	＋	＋					
Hexanal	＋	＋	＋＋＋	＋＋＋	青草臭		0.32
3(2)-Hexenal	＋	＋		＋			
Heptanal	＋		＋	＋			
2-Heptenal	＋＋	＋＋＋	＋＋＋	＋＋＋	果実臭，石鹸臭		14
2,4-Heptadienal	＋＋＋	＋＋	＋	＋	果実臭，変敗臭	trans, cis	3.6
Octanal	＋	＋	＋	＋	油臭，果実臭		0.32
2-Octenal	＋＋	＋＋	＋＋	＋＋＋	脂臭，ナッツ臭，果実臭	trans	7
Nonanal	＋＋	＋＋	＋	＋＋＋	花様（floral），獣脂臭		0.2
2,4-Decadienal	＋＋	＋＋	＋＋	＋＋＋	揚げ油臭（deep-fried）	trans, trans	2.15
Other	1-octen-3-one propanal	2-pentylfuran 1-octen-3-ol 1-penten-3-ol	2-pentylfuran	hexanol 3(2)-hexen-1-ol hexyl acetate hexenyl acetate			

＋：small,　＋＋：medium,　＋＋＋：large

遠藤泰志「食用油脂の臭気成分」油化学会誌 第 48 巻 第 10 号 (1999)[4]

D.B. Min, T.H. Smouse (ed), "Flavor Chemistry of Fats andm. Soc. (1985).[5]

図表3.5右側の臭気特徴では，それぞれの揮発性成分とその閾値を示した．閾値とは任意の揮発性成分の臭気を感じることができる，下限濃度（ppm）を表している．すなわち，臭気の感じる濃度が低ければ低いほど，臭気強度が強いということになる．この閾値に関しては個々の揮発成分それぞれに違いがあるが，Hexanalの0.32 ppm，Nonanalの0.2 ppmと非常に低濃度で臭気を感じることから，酸化した油脂の臭気は感じやすいといっても過言ではない．また，それぞれの揮発性成分の臭気には，例えばHexanalは青草臭（若い草のような臭気）や，2,4–Decadienalは揚げ油臭（deep-fried）などの臭気特徴を有している．

これらの多様な揮発性成分とその臭気特徴が複雑に絡み合い，油脂の臭気となって感知される．ただし，油種の配合や使い方，保存の仕方によって酸化劣化の状況も大きく変わる．酸化劣化で発生する臭気はよく感じることができる臭気であるため，酸化劣化がかなり進んだ油脂の臭気は強い不快臭を発し，油脂食品の品質を著しく損なうことになる．また，後述するが二次生成物には毒性を有するものもある．そのため，品質や衛生管理などの観点から，調理に使用する食用油を適切に使用し，劣化の抑制に努めていくことが何よりも重要である．

3.2　熱酸化と熱劣化

フライ食品など加熱調理する機会は非常に多い，その場合は油脂に熱が加わることになるため熱による劣化が生じてくる．以下ではその熱酸化・劣化について解説する．

3.2.1　熱酸化・熱劣化の特徴

熱による酸化・劣化のメカニズムは基本的に自動酸化と同様であるが，反応速度が格段に速いスピードで一次反応，二次反応が進む．一般には，10℃上昇するごとに反応速度は2倍になるといわれている．したがって，加熱による油脂の変化は大きく，調理における加熱温度やその時間，油脂の品質確認などに注意を払うことが必要である．また，劣化度合いによっては劣化臭や，油脂による食中毒の可能性もあり，調理した食品の品質を著しく低下させるほか，賞味・消費期限も短くなる．

3.2.2　劣化指標との関連性

トリグリセライドの劣化には酸化・重合や変質，加水分解，分解と変質の3つに大別される．酸化・重合や変質の場合は粘度が上昇し発生する泡が大きくなるほか，油脂の色が黄茶系の色へと段々変化してくる．これらを評価する指標としては粘度上昇率，極性化合物量（PC），色（加熱着色）などがある．

加水分解では遊離脂肪酸の量を指標とするため酸価（AV）であり，分解と変質についても極性化合物量や，色によりその劣化度合いを評価することができる．また，劣化によって発煙点も低下してくるため劣化指標として利用できる．これらをまとめたものを**図表 3.6** に示す．

図表 3.6　油脂の熱劣化と劣化指標

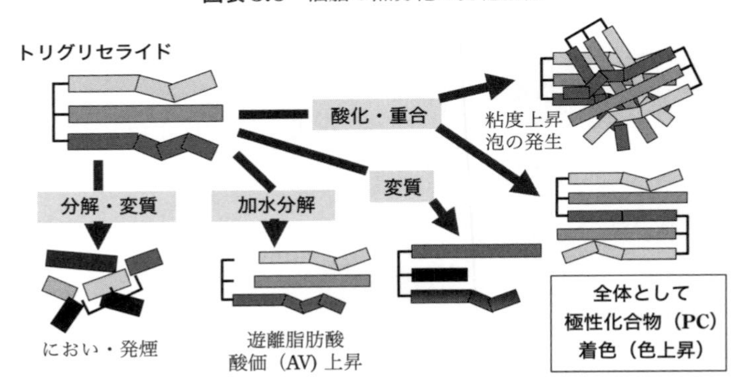

3.3　光酸化[6)]

光による酸化・劣化のメカニズムは熱の場合と同じく基本的に自動酸化と同様であるが，反応速度が格段に速い．光の中でも紫外部，特に380 nm より短波の紫外部は油脂の酸化を著しく促進し自動酸化よりも激しく，その酸化反応が急激に進行する．その反応速度は通常の自動酸化の1,450倍といわれている[7)]．

生成されたヒドロペルオキシドは光により著しく分解が促進され，それによって生成されたカルボニル化合物（アルデヒド類・ケトン類）は，同じく光によって新たなラジカルを生じる．自動酸化で生じる劣化臭気や，熱による劣化臭気とは異なり，光酸化による劣化臭気は特有の臭気の質であることから，「明所臭」と呼ばれることがある．油種によって明所臭の発現の状態は違うが，特に大豆油では明所臭が発現しやすく，臭い強度が強い．大豆油明所臭の臭気特徴としては「青豆」や「枯草様」と表現され，ちょうど若草のような青っぽい臭気のように感じる．大豆油の明所臭は大豆油に見られる特徴的な性質でもあり，光に曝されやすい場所に陳列されるような製品には，極力光が当たらないようにすることが必要である．**図表 3.7** は油脂を 10,000 ルクスの光で 72 時間，それぞれの波長で曝露した場合の明所臭強度を表したものである．380

図表 3.7　光波長の違いによる明所臭強度（10,000 Lux・72 時間）[7)]

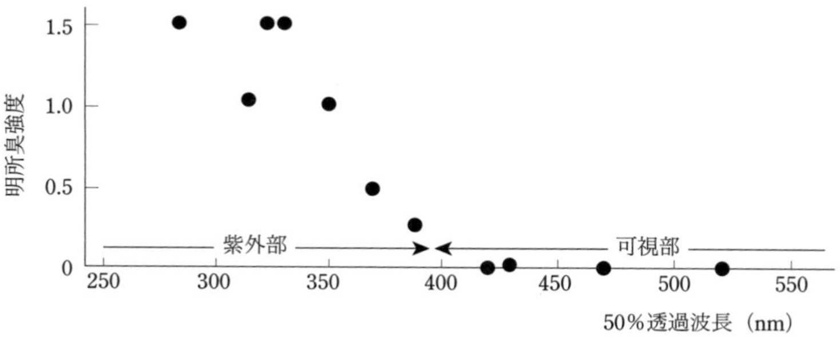

津志田藤二郎ら「食品の光劣化防止技術」サイエンスフォーラム (2001)

図表 3.8　蛍光灯の照度と酸化の関係 [8)]

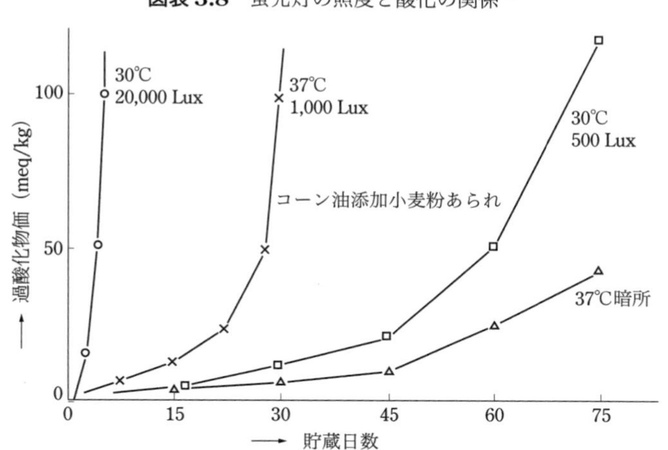

nm以下の紫外短波領域での明所臭強度が強いことは明らかで，油脂の酸化・劣化は光の中でもこの紫外部の影響が特に大きいことがわかる.

図表3.8に「コーン油添加小麦粉あられ」における，蛍光灯の照度と油脂の過酸化物価の関係を示した．スーパーなどの小売店の照明の明るさは約500～1,000 Luxであるが，この程度の明るさであっても，油脂食品の酸化が著しく促進される．30℃，20,000 Luxの酸化速度は，37℃，1,000 Luxの場合の約7倍，30℃，500 Luxの場合の約15倍となっている[8)]．ショーケースに陳列され，強い照明に曝された菓子類等の食品が，5 meq/kg前後の低い過酸化物価値でも不快臭が発生することがある.

直射日光はもちろんのこと，照明の光でも酸化・劣化が促進される．このように光による油脂へのダメージは非常に大きいので，あらゆる調理場面や包装，陳列場面などにおいて，遮光策を講じることが大切である.

3.4　各種脂肪酸の酸化特性

代表的な飽和脂肪酸としてミリスチン酸（C14:0），パルミチン酸（C16:0），ステアリン酸（C18:0），不飽和脂肪酸としてオレイン酸（C18:1 n−9），リノール酸（C18:2 n−6），α−リノレン酸（C18:3 n−3）が挙げられる．一般的に二重結合が無いか，あるいは少ない脂肪酸ほど酸化安定性が良い．例えば，前記の脂肪酸で

図表3.9　各種脂肪酸の構造と酸化安定特性のイメージ

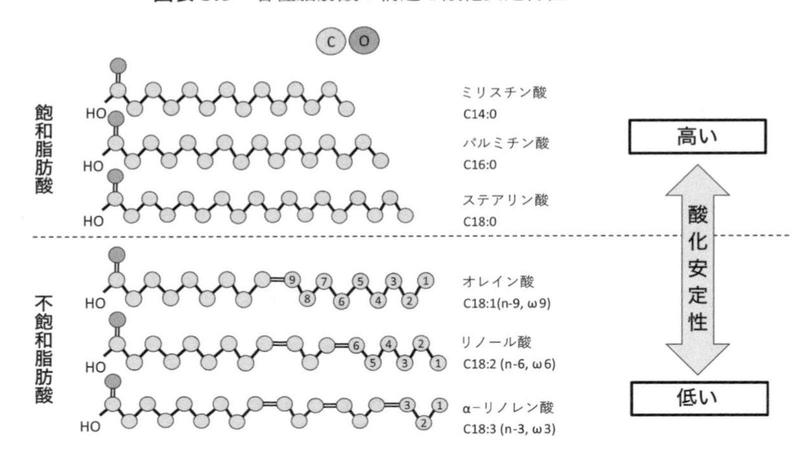

図表 3.10　α-リノレン酸を 100 とした各種脂肪酸の酸化速度比較[9)]

脂肪酸	Sterton (100℃)	Holman (37℃)	Gunstone (20℃)
ステアリン酸（C18:0）	0.6	—	—
オレイン酸　（C18:1）	6	—	4
リノール酸　（C18:2）	64	42	48
リノレン酸　（C18:3）	100	100	100
アラキドン酸（C20:4）	—	199	—

いうと，α-リノレン酸は 3 つの二重結合を有し，この二重結合の間にある，2 つの活性メチレン基から過酸化反応が進んでいくため，酸化安定性は良くない．逆にステアリン酸やパルミチン酸などの飽和脂肪酸は，二重結合を有しないために，酸素との反応が起こりにくく酸化安定性が良い．**図表 3.9** に各種脂肪酸の構造とその酸化安定特性のイメージを示す．

図表 3.10 に各種脂肪酸の酸化速度比較を示す．この表は α-リノレン酸の酸化速度を 100 としたときの各種脂肪酸の酸化速度を表したものである．脂肪酸の二重結合が少ないほど酸化安定が高いことがわかる．その他，脂肪酸の異性体の間でも酸化安定性が異なることが知られている．例えば，シス体であるオレイン酸メチル（C18:1）と，トランス体であるエライジン酸メチル（C18:1）の比較ではエライジン酸メチルが酸化安定性が高いことが知られている[9)]．

3.5　各種油脂の酸化・劣化特性

一般的にヨウ素価が低い（脂肪酸の二重結合が少ない）油脂では酸化安定性が高いと考えることができるが，その他の酸化安定性に寄与する抗酸化成分などの影響も受けるため，その点についても考慮する必要がある．**図表 3.11** に各種油脂の AOM（Active Oxygen Method）試験結果とヨウ素価との関係を示す．ヨウ素価は※印が付されている値以外，食用植物油脂の日本農林規格（JAS）に記載されている値を示した．

AOM 試験は，油脂の酸化安定性の目安を測定する基準油脂分析試験法に従う分析方法で，油脂試料を定められた試験管に，定められた量を入れ，オイルバスにて 97.8±0.2℃に加温しつつ，同じく定められた流量で空気を送り込むことで酸化を促進させ，過酸化物価が100 meq/kgとなったときの時間（hours）をAOMとして表したものである．このAOM値（時間）が高いほど酸化安定性が良いことの目安となる．

図表3.11において，ヨウ素価が低いほどAOM値が高い値を示しているため，ヨウ素価が酸化安定性の1つの目安になることがわかる．

図表3.11 各種油脂のAOM（h）とヨウ素価の関係[10,11]

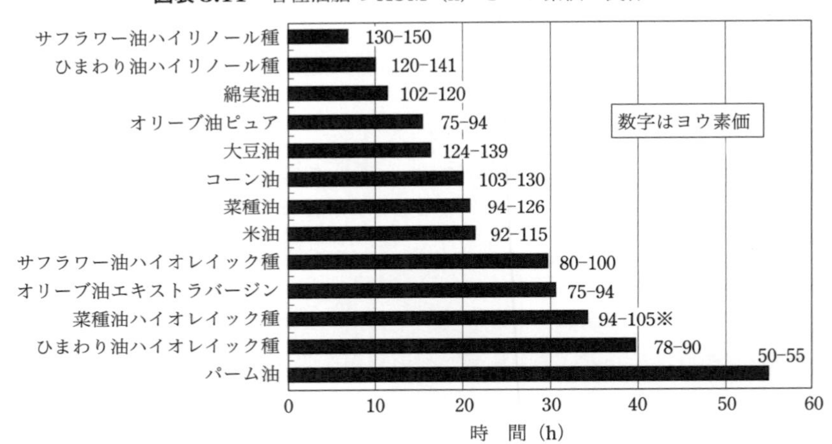

農林水産省「食用植物油脂の日本農林規格」最終改正 平成24年

図表3.12 各種油脂の60℃下における過酸化物価の経時変化[12]

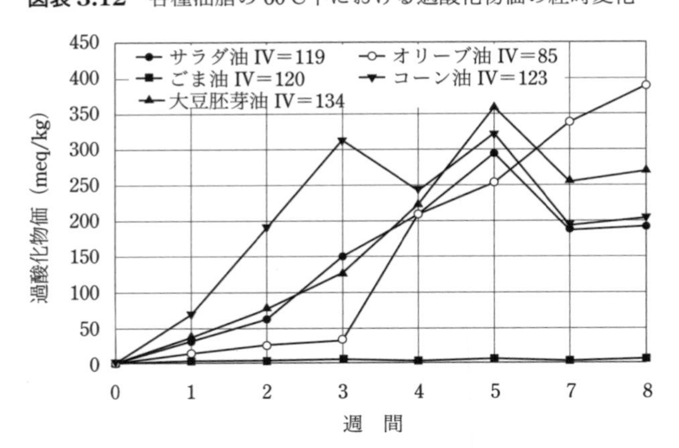

加藤征江ら，富山大学 人間発達科学部 紀要第3巻第1号 (2008)，図表より作成

次に，市販されている各種油脂のサラダ油，コーン油，オリーブ油，ごま油，大豆胚芽油の5種類の油脂単品の劣化特性について，60℃下，8週間保存した過酸化物価の経時変化を**図表3.12**に示す．過酸化物価で見た酸化安定性とヨウ素価との関連性は明確ではなく，ごま油においてはほとんど8週にわたり過酸化物価の上昇が見られていない．このごま油の挙動については，ごま油に含まれる抗酸化性を有するセサモールなどの影響により，酸化安定性が良いと推察される．また，4〜5週間にかけてコーン油，サラダ油，大豆胚芽油の過酸化物価の低下が見られるが，これは過酸化脂質が分解した二次生成物などの揮発によって数値が低下したものと考えられる．

一方，油脂食品であるケースとして，**図表3.13**にサフラワー油（べに花油），ラード，大豆油，ごま油で調製したお好みあられの過酸化物価で見る保存性とヨウ素価との関連性を示した．ヨウ素価は食用植物油脂の日本農林規格（JAS）に記載されているものを使用している．

サフラワー油と大豆油を比較してみると，ヨウ素価では大豆油が若干低い程度であるにもかかわらず，その保存性に大きな差が生じている．また，最もヨウ素価が低いラードと大豆油を比較すると，ヨウ素価は大きな差異があるのに

図表3.13　各種油脂で調製したお好みあられの保存性とヨウ素価[9,11]

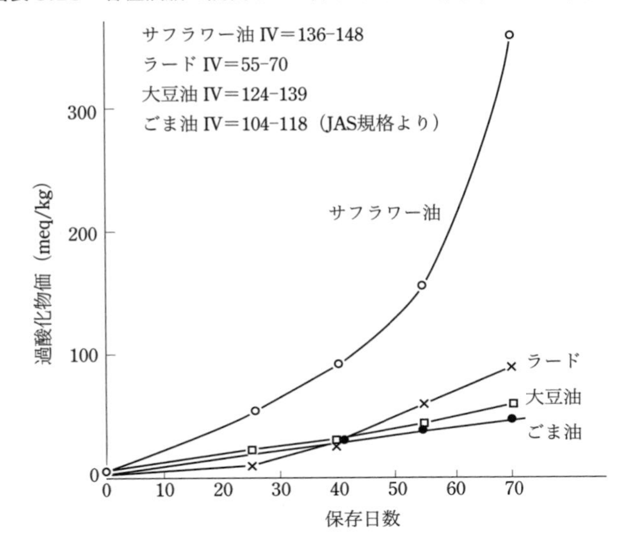

農林水産省「食用植物油脂の日本農林規格」最終改正 平成24年

もかかわらず，その保存性にはあまり違いが見られない．他方，ごま油については油脂食品である場合でも，良好な保存性を示している．

このように，それぞれの油脂や油脂食品の酸化・劣化特性は，ヨウ素価で概ね予想が可能であるが，ヨウ素価はあくまでも目安であって，食品の種類，脂肪酸組成，油脂の製造方法，抗酸化成分の有無とその含量などが保存性に影響する．

3.6 劣化の促進因子

食用油脂の3大酸化・劣化因子は光，熱，酸素である．油脂の劣化を防止するためには，この3大因子をいかに接触を避けるか，もしくは使用方法などによってどのようにコントロールするかが鍵となる．このうち，光と熱については前述したとおりで，ここでは酸素，クロロフィル，金属，共存する食品成分との酸化・劣化について述べる．

3.6.1 酸素による酸化促進

酸素は酸化・劣化を促進する3大因子の1つであるため，いかに油脂や油脂食品との接触を避けるかが重要である．

図表 3.14 は小麦粉生地にコーン油を15％添加し，その15 gをプラスチックフィルム10 cm×15 cmに入れ，内部酸素濃度を0.2％，1.3％，2.3％，5.0％になるように窒素ガスと空気（酸素濃度21％）を使用した包装を行い37℃下で保存した過酸化物価の経時変化を調べたものである．同様に60℃下で保存した過酸化物価の経時変化を**図表 3.15** に示す．

このようにパッケージ内の酸素が少ないほど，酸化が進みにくいことがわかる．空気の酸素濃度は21％であるので，37℃での保存ではその1/10に減じた酸素濃度2.3％で，油脂食品の酸化・劣化が概ね半減できることが示されている．60℃での保存では，高温での保存試験であることから酸化・劣化の進みが激しいものの，酸素濃度2.3％においてその抑制効果が認められる．したがって，概ね酸素濃度が2％以下での保存が酸化・劣化を防ぐ手段として有効であるといえる．

図表 3.14　37℃下で保存したコーン油添加小麦粉生地の過酸化物価の経時変化 [13)]

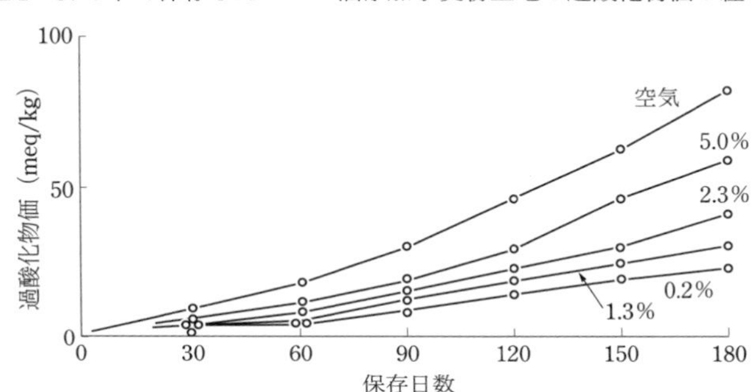

図表 3.15　60℃下で保存したコーン油添加小麦粉生地の過酸化物価の経時変化 [13)]

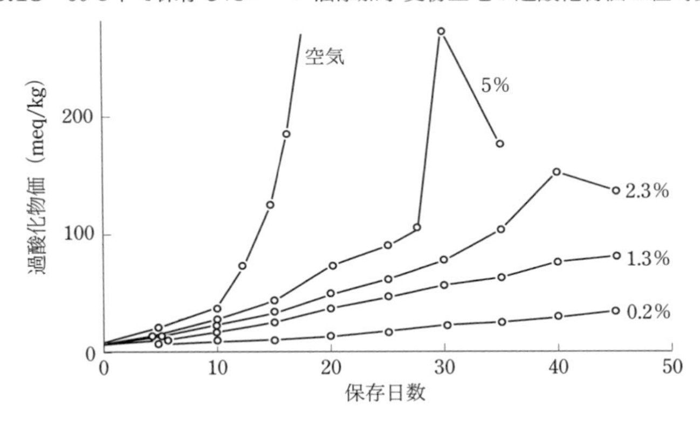

3.6.2　クロロフィルによる酸化促進

クロロフィルとその分解物は，ごく微量でも光増感剤として光による酸化に影響することが知られている．**図表 3.16** に大豆油へ添加した各種クロロフィル含量における過酸化物価の経時変化を示す．

大豆油に含まれる総クロロフィルの各種含量は，最も高い含量で 821 μg/kg-oil（0.821 ppm），次いで 623 μg/kg-oil（0.623 ppm）であり，最も低い含量でコントロールの 39 μg/kg-oil（0.039 ppm）である．それらのクロロフィル添加大豆油を，室内光のもとでの酸化促進状態を確認した試験であるが，クロロフィル含量依存的に過酸化物価の上昇が大きいことがわかる．

食用油脂中に含まれる，クロロフィルとその分解物の含量は，原料の産地

図表 3.16　大豆油中の各種クロロフィル含量における過酸化物価の経時変化[14)]

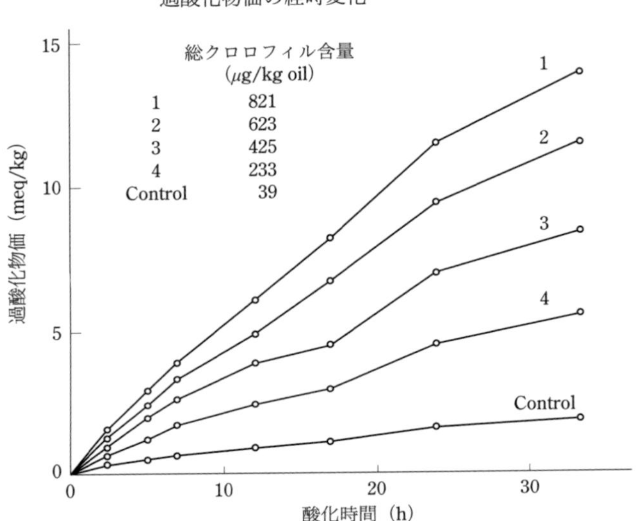

各種含量にクロロフィル混合物（クロロフィルA/クロロフィルB/フェオフィチンA/フェオフィチンB＝1：3：10：3）が添加された室内灯下での大豆油の自動酸化
遠藤泰志「油脂酸化安定性におよぼすクロロフィル類の影響に関する研究」東北大学リポジトリ (1985)

や収穫年度によって異なる．例えば大豆油の場合，米国産大豆原油で 0.5～2.3 ppm（1992～1999 年度），菜種油の場合，カナダ産菜種原油で 10.0～61.6 ppm（1992～1999 年度）というデータがある．また，クロロフィルは天候による未成熟種子に多く，搾油方法や精製方法によっても，その含量や残存量が異なる．代表的なクロロフィル関連物質はポルフィリンを骨格とし，中心にマグネシウムが存在している．油脂に含まれているものとしては，クロロフィル a，b で，そこからマグネシウムが離脱したフェオフィチン a，b がある．**図表 3.17** に示すように，クロロフィル関連物質は油脂の製造過程では主に活性白土で色素成分を吸着除去する脱色工程で行われるが，油糧原料の保管時の劣化などによる難脱色性化や，活性白土の種類の違いにより残存量が異なるため，光酸化への影響も異なってくる[15)]．

他方で，完全遮光されていない大豆油を使用した調理済み食品において，

図表 3.17 菜種油の各工程油のクロロフィル含量[15)]

（ppm）

	全クロロフィル類	クロロフィル a	クロロフィル b	フェオフィチン a	フェオフィチン b
圧搾油	39.9	2.53	4.91	30.3	1.75
抽出油	46.1	2.62	2.92	35.6	4.99
脱酸油	39.1	0.89	0	31.5	6.87
脱色油	0.386	0.028	0.059	0.235	0.071
脱臭油	0.171	0.007	0.023	0.108	0.0036

津志田藤二郎ら「食品の光劣化防止技術」サイエンスフォーラム（2001）

ピーマンやネギなどの具材から溶出したクロロフィル，およびその分解物の光増感作用と，さらに後述する酸化・劣化を促進する鉄分が助長物質となり，大豆明所臭が発生し問題となった事例があるので保存状態には注意を払わなければならない[15)].

3.6.3 金属による酸化促進

金属，特に銅（Cu），マンガン（Mn），鉄（Fe）は油脂の酸化・劣化を促進する．**図表 3.18** に油脂の安定性を 1/2 に減少させる油中金属含量を示す．

近年では銅製の調理器具はほとんど見られなくなったが，特に理由なく使用している場合は油脂食品の調理からは避けるべきである．また，鉄についても酸化・劣化を促進するため，調理器具や設備が劣化していたり，著しく傷のつ

図表 3.18 油脂の安定性を 1/2 に減少させる油中金属含量[16)]

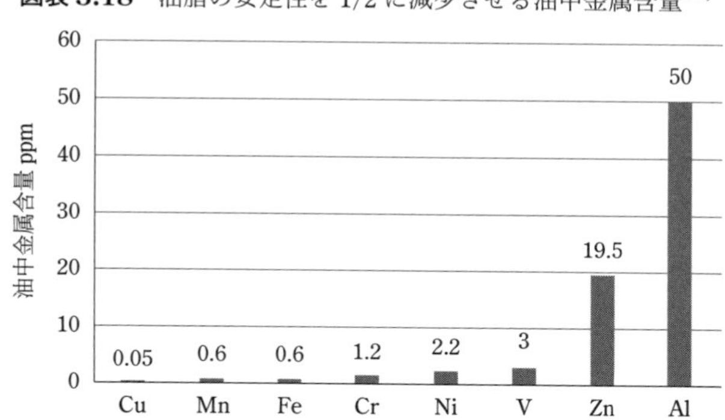

いた器具の使用も避けるべきである．その他，前述したように，血液（ヘモグロビン）などの食材由来の鉄なども影響することがあるため，注意が必要である．

3.6.4　共存する食品成分の酸化・劣化への影響

しょうゆ，デンプン，5′-IMP（イノシン酸），砂糖，食塩，MSG（グルタミン酸ナトリウム），水をそれぞれ添加した米油を加熱した比粘度の増加で見る酸化・劣化度合いを**図表 3.19** に示す．

この中でデンプンが最も酸化・劣化を促進し，次いでMSG，しょうゆ，砂糖，5′-IMP（イノシン酸）であることが示されている．食塩に関しては比較的影響は少ないとみることができる．また，水分はヒドロキシペルオキシドを安定させる働きがあるとの知見がある．一方で，水分活性が0.3〜0.4で最も安定であり，それよりも水分活性が高い，もしくは低くても食品中の油脂の酸化は促進される，との知見もある．これらを踏まえると，水分活性が0.4までは酸化・劣化が進みにくく，0.5を超えるところから酸化が促進されると理解することができるが，食品の種類や形態，調理方法などによってそれぞれ固有の酸化が促進されにくい水分活性帯があると理解すべきである[17]．ただし，水分

図表 3.19　米油加熱による比粘度の経時変化[18]

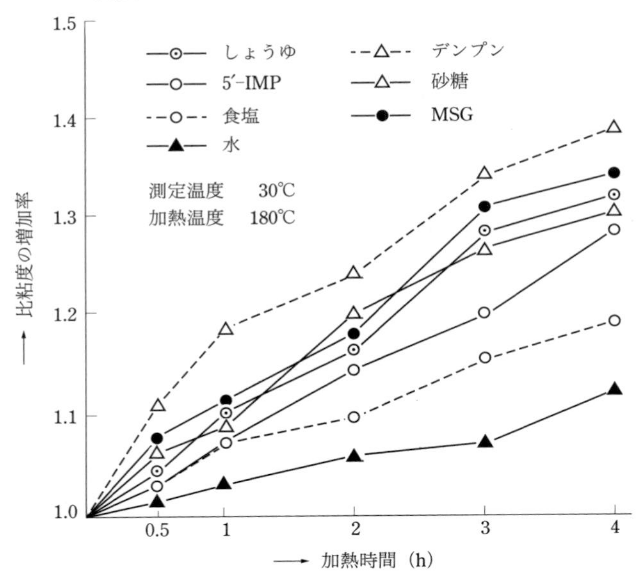

が高い場合にはトリグリセライドの加水分解を考慮に入れる必要がある.

その他の成分ではタンパク質は影響が少ないといわれ，酢は水分活性などの他の成分によるとされる．香辛料についてはローズマリー，セージで酸化を抑制する効果が認められている．ただし，食品成分の組み合わせや調理方法，空気との接触面積が広くなる膨化度合い，水分などにも当然影響されることを考慮しなければならない．実務的には対象食品に対して，保存試験などによりその効果を確認することが必要である.

3.7　酸化・劣化油脂の有害性

劣化した油脂は，その程度により毒性を有することがある．また，微生物による食中毒と比較して，劣化油による食中毒の件数は少ないが，食の安心・安全の観点から軽視をしてはならない．ここでは，酸化・劣化油について述べる.

3.7.1　過酸化脂質とアルデヒドの有害性

油脂の過酸化物がさらにその二次生成物であるアルデヒド，ケトンなどに分解，生成していくことは前述したとおりである.

マウスの経口投与試験例では過酸化物および二次生成物投与により行動緩慢となり，食欲は減衰して下痢や呼吸困難を示したこと，死亡マウスの観察では小腸，肝臓，肺などの組織に壊死が認められたことが報告されている.

また，劣化油脂（変敗油）の有毒成分は過酸化物よりも，特に炭素数5〜9のヒドロペルオキシアルケナール（アルデヒド）などの二次生成物であるといわれている[19).

図表3.20にリノール酸自動酸化産物のラット経口投与試験を示す.

これは，コントロール，生理食塩水3回投与，リノール酸3回，二次生成物1回，過酸化物1回，二次生成物3回の経口投与をした，それぞれのラット群における体重の変化を観察したものである．図中の矢印がそれぞれの群の投与タイミングである．コントロール群と生理食塩水群に対して，リノール酸3回投与群と二次生成物1回投与群，過酸化物1回投与群は，その体重の増加量が下回る傾向であったが，その後の体重の増加が見られ同水準まで回復している．一方，二次生成物3回投与群は体重が減少し続けていることから，過度の

図表 3.20　リノール酸自動酸化産物のラット経口試験[20]

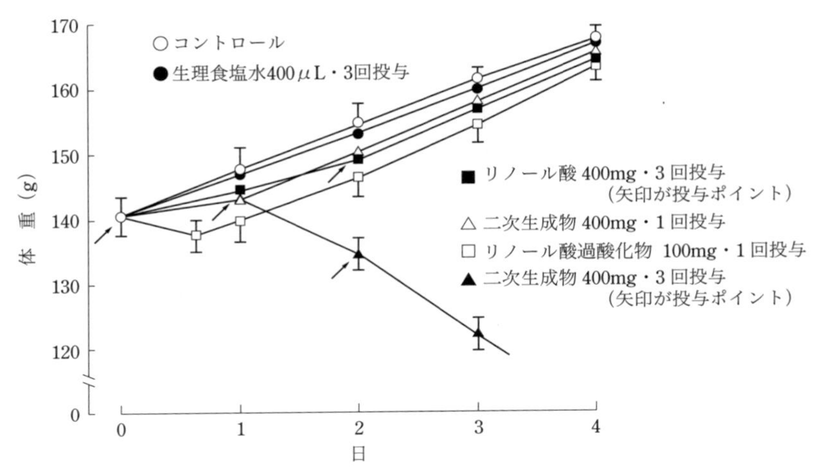

金沢和樹「リノール酸自動酸化産物の肝毒性の解明」
日本栄養・食糧学会誌 Vol.43, No.1, (1990)

二次生成物の摂取は生体に悪影響を与えることが考えられる.

他方で，食用油脂を用いてフライ，炒めなどの加熱調理を長時間行うと気分が悪くなることがあり，これを一般的に「油酔い」ということがある．その原因物質は二次生成物の「アクロレイン」とされる．アクロレインはアルデヒドの一種で刺激臭を有する化合物であり，医薬用外劇物に指定されており，肺や目に障害をもたらすことが知られている.

一例として，大豆油と菜種油の配合油を使用し，野菜（玉ねぎ 20 g・さつまいも 20 g）天ぷらを揚げ調理した際に発生した，ガス中に含まれていたアクロレイン量は 200〜400 μg，油面から 15 cm 上方のアクロレイン量は 1.1〜10.3 ppm であったことが報告されている[21].

図表 3.21　アクロレイン（2-プロペナール）の化学構造式

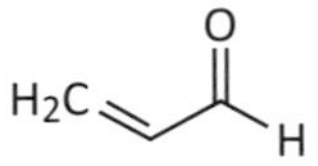

$H_2C{=}CH{-}CH{=}O$

これは一例であって，使用油種，調理方法やそのスケールによって発生量も異なると考えるが，対策としては油脂の劣化を促進させない適切な使用と，十分な換気システムの下での調理など，作業環境の適正化が求められる.

3.7.2 食中毒事例

劣化した食用油脂による食中毒は，微生物による食中毒よりも件数は少ないため，あまり知られていないのが現実だと思われるが，食中毒が発生しているのは明らかである．他の食材と比べ長持ちする，または腐敗しないなどの特徴から，あまり油脂の劣化に注目しにくい状況を憂慮するところである．次に劣化食用油脂が原因となった，もしくは原因不明としながらも，油脂が原因と疑われた食中毒の一例を示す．また，これらをまとめたものを**図表 3.22** に示す．

1964 年 6〜8 月にかけて大阪府，京都府，岐阜県，静岡県，長野県の広域において，即席めんに含まれる油脂の劣化が原因の食中毒が発生している．中毒者数としては 69 名で下痢，吐き気，嘔吐，腹痛の症状を訴えた．抽出した油脂を分析したところ酸価が 7.0〜28.8，過酸化物価が 400〜600 meq/kg と極めて劣化した油脂であることが報告されている[22]．

図表 3.22 食用油脂関連食中毒の一例

発生年月	発生地域	対象食品	症　状	中毒者数	油脂の理化学的指標	備　考	参考文献
1964 年 6〜8 月	大阪府 京都府 岐阜県 静岡県 長野県	即席めん	下　痢 吐き気 嘔　吐 腹　痛	69	AV：7.0〜28.8 POV：400〜600 meq/kg	広域食中毒	22)
1978年12月	横浜市	クッキー	嘔　吐	6	AV：23.3 POV：290 meq/kg	製造 6ヵ月後の陳列見本を誤って販売	23)
1985年 5月	福岡市	エビ入りせんべい	嘔　吐	1	AV：13 POV：130 meq/kg	製造後約 10ヵ月経過品	24)
2006年10月	大分県	油菓子（黒糖駄菓子）	嘔　吐 下　痢	—	AV：6 POV：710 meq/kg	購入後，異臭（油臭）がしたがそのまま摂食	25)
2009年12月	大分県	揚げ油	体調不良	10	AV：2.5 以下（簡易測定）	飲食店で食事をした 10 名が体調不良．フライヤーから採取した揚げ油を測定．原因不明．	25)

AV：酸価　POV：過酸化物価

食品安全委員会「平成 17 年度食品安全確保総合調査報告書」[22]
桐ケ谷忠司ら「油脂の変敗による食中毒」日本食品衛生学会誌 Vol.23, No.2 (1982)[23]
小田隆弘ら「古いスナック菓子による食中毒」日本食品衛生学会誌 Vol.27, No.5(1986)[24]
大分県衛生環境研究センター年報 第 37 号，33〜38(2009) 調査・事例[25]

これらの劣化指標から，高温下での保存や店頭販売での直射日光の曝露など，油脂に対して劣悪な環境にあったと想像されるところである．この食中毒事件の発生を受けて，食用油脂の酸化・劣化が知られるようになり，また，この事件は食用油脂の衛生管理について見直されるきっかけとなった．

1978年12月に横浜市で発生したクッキーによる食中毒では，誤って製造6ヵ月後の陳列見本品を販売し，それを食した6名に嘔吐の症状が現れた．含有していた油脂を分析したところ酸価が23.3，過酸化物価が290 meq/kgと非常に劣化した油脂であったことが報告されている[23]．

1985年5月に福岡市で発生したエビ入りせんべいの食中毒では，それを食した1名に嘔吐症状が現れた．このせんべいは製造後約10ヵ月経過したもので，含有する油脂の劣化指標は酸価が13，過酸化物価が130 meq/kgと報告されている[24]．

2006年10月に大分県にて発生した油菓子（黒糖駄菓子）による食中毒では，購入後，異臭（油臭）がしたがそのまま摂食し，嘔吐，下痢の症状を訴えた．含有油脂の劣化指標を分析したところ，酸価が6，過酸化物価が710 meq/kgであったことが報告されている[25]．

2009年12月に同じく大分県にて発生した，揚げ油が原因と思われる食中毒では，飲食店にて食事をした12名中10名が体調不良を訴えた．メニューに揚げ物が多かったため油脂が原因と仮定し調査したが，揚げ物調理品は残っていなかった．揚げ油を簡易分析で調べたところ，酸価が2.5以下と問題となるような劣化指標値ではなかったため，原因不明と報告されている[25]．

酸価や過酸化物価が低値であっても，アルデヒドなどの二次生成物が原因の可能性もあり，カルボニル価やアニシジン価でも確認することが好ましい．

このように過去，広域食中毒やフライ油による発生事例もある．食の安全・安心の確保に責任を有する食品事業者においては，油脂の劣化を十分に理解し，適切な使用と品質の管理を実行していくことが消費者へのさらなる信頼につながるものと考える．

引用・参考文献

1) 太田静行「油脂食品の劣化とその防止」幸書房 (1977) p8
2) 太田静行「油脂食品の劣化とその防止」幸書房 (1977) p9-10
3) 遠藤泰志「食用油脂の臭気成分」日本油化学会誌 第48巻 第10号 (1999) p1133-1140
4) 遠藤泰志「食用油脂の臭気成分」日本油化学会誌 第48巻 第10号 (1999) , p176
5) D.B. Min, T.H. Smouse (ed), Flavor Chemistry of Fats andm. Soc. (1985)
6) 太田静行「油脂食品の劣化とその防止」幸書房 (1977) p53

7) 津志田藤二郎ら「食品の光劣化防止技術」サイエンスフォーラム (2001), p234
8) 太田静行「油脂食品の劣化とその防止」幸書房 (1977) p104-105
9) 太田静行「油脂食品の劣化とその防止」幸書房 (1977) p75
10) 鈴木修武「大量調理における食用油の使い方」幸書房 (2010) p14, 図 1.4
11) 農林水産省「食用植物油脂の日本農林規格」最終改正 平成 24 年 7 月 17 日
12) 加藤征江ら , 富山大学 人間発達科学部 紀要第 3 巻第 1 号 p39-47 (2008) 表 1, 図 2 より作成
13) 太田静行「油脂食品の劣化とその防止」幸書房 (1977) p181
14) 遠藤泰志「油脂酸化安定性におよぼすクロロフィル類の影響に関する研究」東北大学リポジトリ (1985) p126, FIG.4
R. Usuki, T. Suzuki, Y. Endo, T. Kaneda, Residual Amounts of Chlorophylls and Refined Edible Oils. J. Am. Oil Chem. Soc., 61(4), 785-788 (1984), FIG.1.
15) 津志田藤二郎ら「食品の光劣化防止技術」サイエンスフォーラム（2001）p232-233
16) 太田静行「油脂食品の劣化とその防止」幸書房（1977）p78
17) 山口直彦「食品構成成分の油脂の酸化安定性に及ぼす影響」日本油化学会誌 第 25 巻 第 5 号 (1976) p246-256
18) 太田静行ら「フライ食品の理論と実際」幸書房 (1994) p381
19) 白台 鴻「自動酸化油投与マウスの病理組織学的研究（急性毒性）」栄養と食糧 29 巻 2 号 p. 85-94
20) 金沢和樹「リノール酸自動酸化産物の肝毒性の解明」日本栄養・食糧学会誌 Vol.43, No.1, (1990) p1-15, Fig-1
21) 岸 美智子ら「加熱食用油からの気化物質とその吸入による家兎循環・呼吸器 系への影響」食品衛生学会誌 . Vol.16, No.5,(1975) p318-323
22) 食品安全委員会「平成 17 年度食品安全確保総合調査報告書」p66-69
23) 桐ケ谷忠司ら「油脂の変敗による食中毒」日本食品衛生学会誌 Vol.23, No.2 (1982)p219-220
24) 小田隆弘ら「古いスナック菓子による食中毒」日本食品衛生学会誌 Vol.27, No.5(1986) p589-590
25) 大分県衛生環境研究センター年報 第 37 号 , 33～38(2009) 調査・事例

第4章　劣化防止技術

食用油脂の劣化を抑制する技術は，油脂に対する技術だけではなく，取り扱い方，食材，成分，調理方法，調理器具や設備，作業環境・安全面などに関する技術，そして管理指標や基準とその運用などのソフト面も考慮されなければならない．これらが総合的に対応することにより劣化防止がより効果的に達成されると考えるべきである．本章では，劣化防止に向けて取り組むべき基本的な視点や管理ポイント，それぞれの技術について解説する．

4.1　劣化指標と評価

油脂の劣化を正しく評価するには，その化学・物理的指標や官能評価が重要となる．前章では，実務的に用いられている化学・物理的指標の種類や測定原理，活用場面などの基本的なポイントについて説明した．本章では，さらに管理指標の実務的な取り扱いや運用などについて述べる．

4.1.1　劣化管理指標

油脂の劣化管理指標として用いる場合に，その油脂の使用用途によって使い分けがされており，その使用用途がフライ油である場合には，主に加熱着色度合いを測定する色，継続使用による分解や，重合度合いを測定する粘度上昇率や，その加水分解の度合いを測定する酸価（AV）が用いられる．

それ以外の使用用途として，例えば菓子などへのかけ油，保管している油脂などである場合には，前述の指標以外に過酸化脂質を測定する過酸化物価（POV）や，アルデヒドなどの二次分解生成物含量を測定する，カルボニル価（COV）やアニシジン価（AnV）が用いられる．

ここで，過酸化物価については，使用用途がフライ油である場合，過酸化脂質の分解反応も同時に生じ，二次分解生成物として揮発するなどの理由から，値が正確なところを捉えることが難しく，通常用いられないことが多い．次に，これら劣化管理指標について詳述する．

加熱着色（色）は，2.4.3（p.17）で述べたように，ロビボンド比色計で測定することが一般的である．フライ油などの油脂は，加熱やフライ調理によって着色していくことはよく知られているいるところである．この着色現象は熱重合によるものだけではなく，フライ調理においては揚げ種からのエキス分の溶出や揚げカスのコゲなどによっても着色が進む．

粘度は，高温で使用されるフライ調理の場合，トリグリセライドなどの油脂の構成成分同士が重合するなどして上昇していく．使い始めの段階ではサラサラとしていた油が重合が進むにつれ，油の切れが悪くなり油っぽく，重たい風味のフライ食品となる．フライ油の劣化を把握する指標として適している．

酸価は，高湿度や水と共存する状態や，フライ調理中に揚げ種から出る水分などによる加水分解によって，遊離脂肪酸が増加することにより値が上昇する．酸価が高値であると発煙しやすくなる．

過酸化物価は，その値が上昇するにつれ劣化臭が強くなるが，概ね過酸化物価が 30 meq/kg を超えるあたりから風味の劣化が顕著に感じられ，酸敗臭が発生する．

カルボニル価やアニシジン価は，前述のように油脂の酸化・劣化に伴う二次生成物であるアルデヒドやケトンといったカルボニル化合物を測定することで，劣化度合いを評価することができる．油脂の自動酸化だけではなく，フライ油の劣化指標にも利用できる．

4.1.2　世界各国のフライ油廃油基準

我が国では，酸価，カルボニル価，発煙点が廃油基準として「弁当及びそうざいの衛生規範（厚生労働省）」に示されており，実用的には主に酸価を廃油基準としていることが多い．一方，EU 諸国ではフライ油の主な管理指標として，極性化合物量（PC％：polar compounds）を指標としている国が多く，その値は 25～27％である．その中でも，フランス，オランダ，スペイン，オーストリア，ハンガリー，スイス，ベルギーやポルトガルは極性化合物量を法規制値として定めている．他の指標として発煙点（SP℃：smoking point）や重合物量（DPTG％：dimeric and polymeric triglycerides）がある．また，米国では遊離脂肪酸含量（FFA％・free fatty acid）で示されている．遊離脂肪酸量と酸価は同類の分析指標であり，次の関係にある．

図表 4.1　日本・米国・EU のフライ油廃油基準

国	PC（%） 極性化合物	AV 酸価	SP（℃） 発煙点	DPTG（%） 重合物
日　本		2.5/3.0	170	
米　国		FFA（%）＜2.0		
ドイツ	27	2	170	
イタリア	25			
フィンランド	25	2.5	170/180	
フランス※	25			
オランダ※		4.5		16
スペイン※	25			
オーストリア※	27	2.5	170	
ハンガリー※	25		180	
スイス※	27		170	
ベルギー※	25	FFA（%）＜2.5	170	10
ポルトガル※	25			

※法規制
FFA（遊離脂肪酸）

遊離脂肪酸含量 FFA（%）＝係数0.5036 × 酸価 AV

ここで極性化合物（PC%）とは酸化重合，酸化分解物など中性脂質（トリグリセライド）ではない成分の含量であり，発煙点（SP℃）とは油脂の発煙が認められる温度をいう．また重合物（DPTG%）は，トリグリセライドより分子量の大きな成分の含量として表される．

各国のフライ油廃油法規制，基準・ガイドラインを**図表 4.1** に示す．

4.1.3　簡易評価方法例

通常，酸価や極性化合物などの劣化指標の測定には，基準油脂分析試験法に従う方法や，アメリカ油化学会（AOCS）が定める方法（AOCS 法）により測定されるが，大量調理現場における油脂の管理には迅速性が求められる場合が多く，その場合に適した種々の簡易測定法がある．

例えば，試験紙比色タイプで酸価や過酸化物価を測定するキットや，小型軽量のハンディタイプで，油脂に計測管を差し込むことで極性化合物などが測定可能な機器などがある．

これらを活用することで調理現場などの油脂の管理を適切に行うことができ，油脂食品の品質向上や，適切なフライ油の廃油時期を見極めることなどが可能となることで，コスト面や品質面の向上が期待できる．

4.2　劣化管理のための基本 5 項目

次に劣化管理における 5 つの基本項目を示す．これらは調理現場などの食用油脂劣化管理における基本的かつ原則的に実施するべき，もしくは考慮すべき項目である．

①管理基準：酸価，過酸化物価などの管理基準の設定

②保存試験：科学的根拠に基づく促進試験を含む保存試験の実施

③衛生規範：ガイドラインや基準の遵守

④官能評価：おいしさや品質の担保

⑤劣化抑制：酸化・劣化やそのにおいの発生を最小に抑制

油脂を取り扱う上での以上の基本項目について，実施されていないとなれば調理現場における適切な劣化管理は難しく，衛生的とは言い難い．また，食の安全・安心を担保することも困難であろう．これらは，油脂の劣化管理に限らず，他の食品の劣化管理にも当てはめることができると考える．

4.3　油の劣化と衛生管理

各種油脂食品の調理に使用する油脂や，その食品に含まれる油脂の品質について，各種の衛生規範や基準，指針が設けられている．対象の油脂食品とその衛生規範等について述べる．

(1)　そうざい（厚生労働省：弁当及びそうざいの衛生規範）

揚げ処理中の油脂が，発煙，いわゆるカニ泡，粘性等の状態から判断して，次の①～③に該当し，明らかに劣化が認められる場合には，そのすべてを新しい油脂と交換すること．

①発煙点が 170° 未満となったもの

②酸価が 2.5 を超えたもの

③カルボニル価が50を超えたもの

(2) 油揚げ（18道県地域食品認証基準：ミニJAS）

・製品に含まれる油の酸価（AV）が3以下であること．

(3) 揚げ菓子等（厚生労働省：菓子指導要領）

油脂で処理した菓子（油分10%以上）は，次の①および②に適合するものを販売するようにすること．

①その製品中に含まれる油脂の酸価（AV）が3を超え，かつ，過酸化物価（POV）が30を超えるものであってはならない

②その製品中に含まれる油脂の酸価（AV）が5を超え，または過酸化物価（POV）が50を超えるものであってはならない

(4) かりん糖（日本農林規格：JAS）

含まれる油脂の酸価（AV）3を超え，かつ，過酸化物価（POV）が20を超えないこと．

(5) 即席めん類

①めんに含まれる油脂（食品衛生法・食品衛生規格基準）

酸価（AV）が3を超え，又は過酸化物価（POV）が30を超えるものであってはならない

②油揚げめんの油脂（日本農林規格：JAS）

酸価（AV）1.2以下，味付油揚げめんの酸価については1.5以下であること

以上が日本における食用油脂に関する規範，ガイドラインであるが，簡易測定法による値の把握のしやすさなどから，主に酸価（AV）での確認をすることが多いと思われる．

4.4 劣化防止のための適正使用方法と管理

ここでは，油脂食品の調理としてよく用いられるフライ油を中心に，その劣化防止のための適性使用方法と管理について述べる．その目的としては調理品の品質を良好に維持しつつ，ムダなく効率的にフライ油を使用する点にある．フライ油の劣化状態を適切に管理できなければ調理品の品質は良好に維持できないし，まだ十分に使用できるのにもかかわらず，廃油していると経済性の観点から好ましい状況ではない．

したがって，フライ油の取り扱い方法として，品質と経済性の両面を満たすための適性使用と管理について述べる．

4.4.1　フライヤー中の加熱劣化

フライヤー内でのフライ調理時には，様々な油脂の劣化が同時に，かつ複雑に進行する．フライヤー内の油脂の加熱時，およびフライ調理中では，空気と接触している面において熱劣化が進行し，分解物としてアルデヒド，ケトン，炭水化物や遊離脂肪酸が発生する．劣化が進行するに伴い，油脂は発煙しやすくなり，さらに劣化が進行すると「カニ泡」と呼ばれる，粘度が高くなり消失しにくい泡が出来やすくなる．また，同時に着色が進み劣化に伴う臭気も強くなる．

使用中の油脂には空気が原因となるほかに，熱や天かすなどによる熱重合や分解がある．熱重合ではトリグリセライドや脂肪酸が複雑に重合し，油脂の粘度上昇や着色が進行する．また，揚げ種などの水分によるトリグリセライドの加水分解も進行し，遊離脂肪酸が増加するなどの現象が生じる．これらも同じく着色や粘度上昇などの原因の1つである．

さらに，揚げ種が原因として進行する劣化もある．食材である揚げ種は動物性脂肪，卵黄，タンパク質，血液，デンプンなどを含み，発煙，カニ泡，発臭

図表 4.2　フライヤー中の加熱・調理劣化[1)]

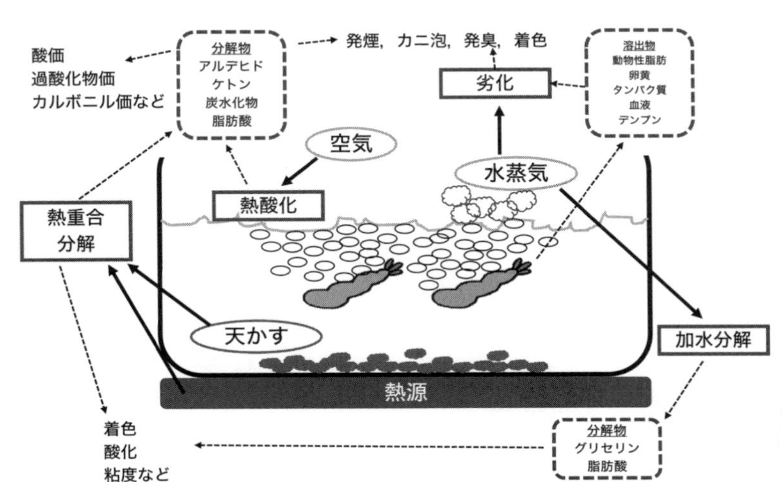

や着色の原因ともなる．

劣化の現象や状況を確認する手段としては，劣化指標としての酸価，カルボニル価，粘度上昇率や過酸化物価が用いられる．フライヤー中の加熱劣化を**図表4.2**に示す．

4.4.2　フライ油適正使用・管理のための8つのポイント

現在ではフライ油の劣化を防止するための様々な装置や方法が考案されているが，ここでは，調理現場での作業における基本的な8つの使用管理ポイントを述べる．これらのポイントをフライ作業に活かすことで，十分な劣化抑制効果が期待でき，衛生面においてもメリットが得られるので参考としていただきたい．また，揚げ物には大きく分類すると天ぷら類，フライ類，唐揚げ類の3種がある．調理現場によっては1種のフライ油でこれら揚げ種3種のフライを行っているケースや，単品1種の揚げ種をフライしているケースもある．ここでは，主に1種のフライ油で3種の揚げ種を調理するケースについて述べるが，揚げ種単品1種のフライの場合においても利用可能な使用管理方法でもある．

ポイント1：各種揚げ種によるフライ油の劣化特徴と揚げ順番

揚げ種により調理時のフライ油の劣化特徴が異なり，これらの特徴に合わせたフライ油の使用や管理が必要である．揚げ種3種のそれぞれのフライ油の劣化特徴とそれらによる推奨される揚げる順番を述べる．

①天ぷら類

多く吸油をするため差し油（調理中に減った分を加える新油）をする回数が多く，フライ油の回転率が高いため，油の劣化が比較的少ない．

②フライ類（コロッケ，フライドポテト等）

吸油するがパン粉等の揚げかすが多く比較的劣化が進みやすい．揚げ種の食材にもよるところがあり，魚介系のフライであると魚油（EPA，DHAなどの長鎖多価不飽和脂肪酸）などの影響で劣化が進行しやすい．

③唐揚げ

ほとんど吸油せず調味液や動物脂などの溶出物が多い．そのため差し油する機会も少なく，フライ油の劣化が早い特徴があり，揚げ物に着色や臭いが付きやすい．

以上3種の揚げ種のフライ油劣化特徴から，推奨される揚げ順番は，最初は天ぷら類から調理し，次にフライ類，最後に唐揚げ類の調理に使用することが好ましい．

ポイント2：フライ油のローテーション

各フライヤーにおいて揚げ種の種類が決められている場合，フライ油を前述の揚げ順番に対応してローテーション作業を行うことになる（**図表4.3**）．初めに新油で天ぷら類のフライヤーで揚げ調理を行った後，冷却後にそのフライ油をフライ類専用フライヤーに移し，フライ類の揚げ調理を行う．そして，天ぷら類の際と同様に，揚げ調理後の冷却されたフライ油を今度は唐揚げ類専用フライヤーへと移し揚げ調理を行う．このような手順でフライ油をローテーションすることは，フライ油を効率よく使用でき，かつ調理品品質を維持することが可能となる方法の一つである．

後述するが，フライ油を移し替える際の揚げカス（滓）の除去を目的としたろ過，および揚げ調理によって減少したフライ油分を，新油で追加する差し油も同時に行うことが大切である．

このフライ油のローテーション作業は，調理現場においてマニュアル化して運用することが好ましく，例えば次のような項目をマニュアル化することによって，作業の効率化，誤作業の低減や安全衛生面での効果が十分に期待できる．

●フライ油ローテーションマニュアル（例）

手順1：毎日，作業開始前にフライ油をローテーションする．

手順2：廃油は使用段階最後の唐揚げ類専用フライヤーのフライ油のみ行う．

手順3：新油は使用段階最初の天ぷら類専用フライヤーに張り込む．

手順4：フライ油のローテーションは，定めた使用時間が終了した後，定めたタイミングで天ぷら専用フライヤーから，フライ類専用フライヤーへと移し替え使用する．次のフライ類専用フライヤーから，唐揚げ専用フライヤーへの移し替えも同様とする．

手順5：差し油は，各フライヤー槽の張り込みフライ油設定下限油液面まで低くなった場合に，新油を設定された適正液面まで行うこと．

手順6：フライヤーからのフライ油の引き抜き作業は，フライ油が安全な温度

図表 4.3　フライ油のローテーション

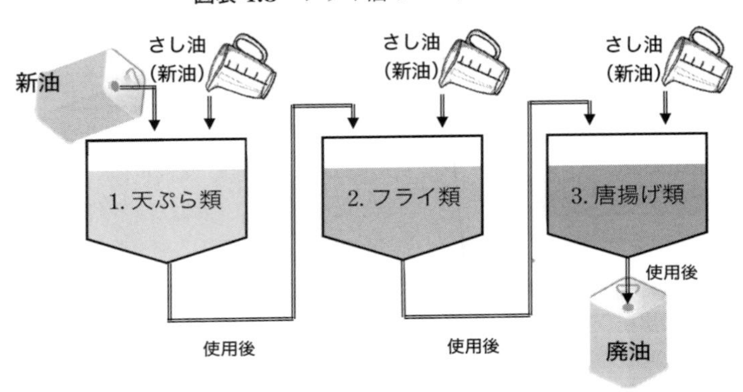

になったことを温度計で確認し，フライ油は飛散，漏洩しないよう注意や対策を行いつつ行うこと．

手順7：フライ油の引き抜き作業を行う際は，同時に定められた方法でろ過を行い，次の作業に入ること．

ポイント3：空加熱管理

例えばスーパーの惣菜などの調理現場の場合，朝の調理開始時点では商品陳列のためフライヤーはフル稼働となるが，一連の惣菜商品を製造した後は，少なくなった惣菜を補充のために揚げ調理が行われる程度となり，その場合揚げ温度のまま保持された状態になっていることがある．この状態は一般的に「空加熱」と呼ばれ，揚げ調理をしていないにもかかわらず，フライ油の劣化を進めていることになる．使用していない間に油温を下げておくことでフライ油の劣化を抑えることができ，調理品の品質維持と，フライ油をより長く使用することが期待できる．油脂の酸化速度は温度が10℃上昇するごとに，ほぼ2倍となることが知られており，しばらく揚げ調理を行わない場合は，できるだけ油温を低く保つことが好ましい．

具体的な試験例を**図表 4.4**，および**図表 4.5** に示す．この試験例はフライ調理に使用された油を 12 kg フライヤーに張り込み 120℃，および 170℃で空加熱を行った時の酸価と色（黄＋赤× 10）の違いを表したものである[2)]．

図表 4.4 の酸価での上昇抑制効果は，温度を 50℃下げることにより 12 時間

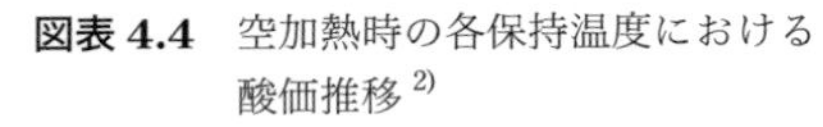
図表 4.4　空加熱時の各保持温度における酸価推移 [2)]

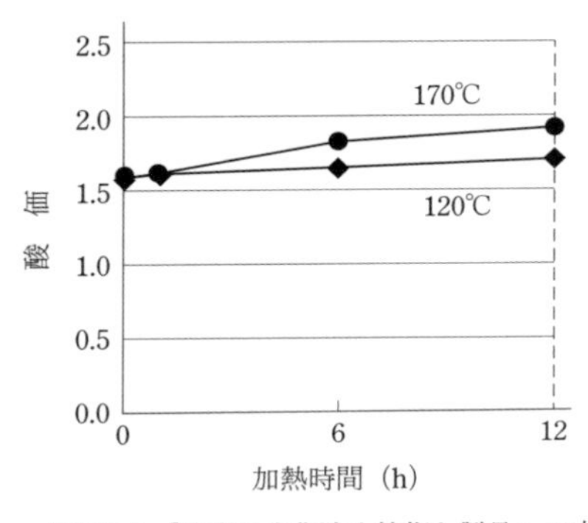

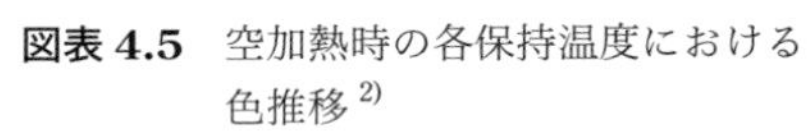
図表 4.5　空加熱時の各保持温度における色推移 [2)]

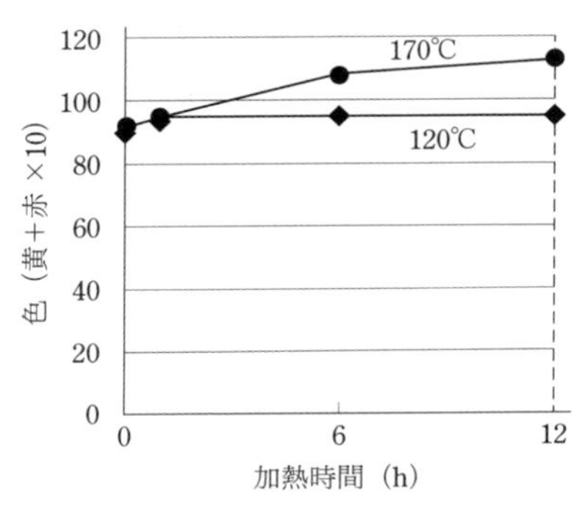

水野和久「油脂の劣化防止技術と製品への応用」月刊フードケミカル (2012)

後で約 14％抑制されていることがわかる．また，図表 4.5 の加熱着色では同様に約 17％抑えることがわかる．このように，フライヤーを使用しない時間帯は，油温を下げておくことがフライ油の劣化を抑制する適正管理方法の一つである．

ポイント 4：回転率と差し油

揚げ調理では揚げ種の吸油によってフライ油が減少するが，その減少分を追加する新油を「差し油」という．また，最初の張り込み油に対する差し油量を時間割，もしくは日割りで表したものが「回転率」（吸油率）という．回転率の関係式を**図表 4.6** に示す．

図表 4.6　揚げ調理におけるフライ油の回転率

$$\text{回転率（\%／h または day）} = \frac{\text{差し油量（kg）}}{\text{最初の張り込み油量（kg）}} \div \text{h または day}$$

この回転率が高い，つまり差し油量が多いほどフライ油の劣化を遅らせることができる．また，差し油はまとまった量を追加するのではなく，少量で高頻度で行うことにより急激な油温低下を防ぎ，フライ油の劣化度合いのバラツキを抑えると共に，フライヤーの省電力・省エネルギー効果も期待できる．

ポイント5：フライヤーの使用台数適性化

例えば，スーパーの惣菜の調理場であれば曜日などによって，セントラルキッチンなどの大量調理工場であれば生産計画などによって揚げ物量が変動する場合，使用するフライヤーの台数を調整することにより，フライ油の劣化を抑えることができる．その分，フライ油を長く使用できることにより，廃油量を減らすことと同時に，使用フライヤーを減らすことによる省エネルギー効果も期待できる．

ポイント6：揚げカス（滓）の除去

フライ調理時に必ず発生する揚げカスは，フライ油の劣化を促進する要因の一つである．揚げカスに含まれる水分や，揚げ種のエキスなどの影響で酸価の上昇や加熱着色が進行するため，頻繁な揚げカスの除去とフライ油をローテーションする際の揚げカスの除去が劣化抑制つながる．**図表4.7**は1 kg，180℃のフライ油で冷凍コロッケを1時間に1回フライし，フライ後に揚げカスを除去した油と，除去しなかった油の酸価の推移を表したものである．この図表の結果より，48時間後には揚げカスを取ったフライ油の酸価が3割程度劣化が抑制されていることがわかる．このように調理時に発生した揚げカスは速やかに取り除くことが重要である．

揚げカスを除去する作業を行う際には，フライ油が高温であるため火傷などの事故につながらないように留意し作業をしなければならない．また，除去した揚げカスを所定の場所にまとめて置いていると，揚げカスがまだ熱を有して

図表4.7　揚げカス除去処理有無の酸価上昇比較[3)]

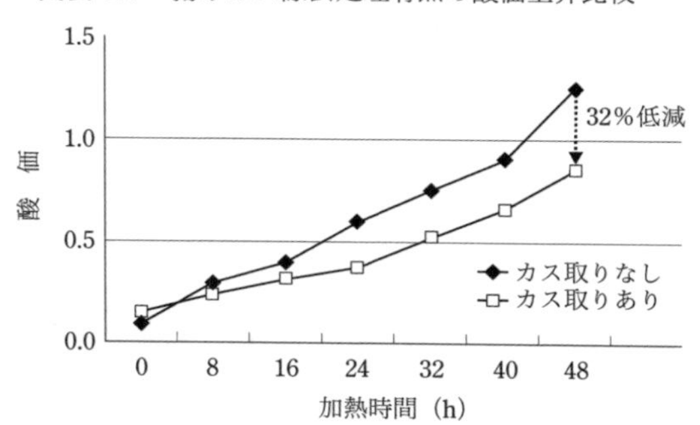

水野和久「油脂の劣化防止技術と製品への応用」月刊フードケミカル28巻，9号（2012）

図表 4.8　コマツ製作所　食用油ろ過機 Y-4D（左写真）と使用例（右写真）[4)]

フライヤー槽底部抜き出し口から油を抜き，ろ過して張り込む

いたり，周囲の温度が高いなどの場合，揚げカスに含有している油脂の酸化反応により，自己発熱を生じることがある．この現象により自然発火し火災となった事例も多々あるため，一カ所に揚げカスを長時間ため込まず，頻度高く安全に処理する必要がある．例えば，発生した揚げカスには水を散布する，冷蔵庫などの冷所に置き冷却するなどの火災予防処置が必要である．

食品工場やセントラルキッチンにおける大型フライヤーなどでは，フライ油を循環する設備と，それに付随する揚げカスを除去するろ過器を備える装置を設置するのも有効である．また，スーパーの惣菜調理室に設置されているような小中型フライヤーにも設置可能な循環濾過機もあり，それらの設置も同じく有効である．**図表 4.8** に食用油ろ過機の一例（写真）を示す．

循環ろ過機を選定，設置する際には，フライ油循環ろ過装置を取り扱うメーカーより情報や説明を得て，導入する調理現場に合うもの，品質面やコスト面でメリットのあることを実際にテストして確認し，評価したうえで導入することが望ましい．

ポイント 7：劣化度合いの管理

フライ油の交換や廃油タイミングを 7 割の調理現場が感覚的判断で行っている調査結果がある．この場合，まだ使用ができるのにもかかわらず廃油していたとすると経済的によくない影響があると考えられ，また，すでに本来使用できない劣化度合いの油を使用していたとすると，衛生面などに問題が生じる．そのため，酸価などの化学・物理的指標に基づく合理的な交換・廃油タイミングを定めることが大切である.

しかしながら，化学・物理的指標を基準油脂分析試験法などで，逐一分析し劣化度合いを確認することは，スーパーの惣菜の調理現場などでは難しい．そのため，例えば酸価を簡易的に測定することができる試験紙や機器などを活用して，化学・物理的指標に基づく判断や管理基準で，交換・廃油タイミングの精度を向上させることが，フライ油劣化度合いの適切な管理につながる.

ポイント8：加熱劣化が抑制されたフライ油の使用

各食用油脂メーカーで開発・販売されている各種の「ロングライフオイル」や「長持ち油」をコンセプトとした製品があるので，それらを活用することも有効である．その場合は各調理現場の使用実態や揚げ調理頻度に合った試験を行い，そのロングライフ効果と費用対効果を見極めた上で導入・活用を行うことが望ましい．実際に劣化抑制効果がありコスト面でも有利であれば，有効なポイントの一つである.

以上が8つの使用管理ポイントである．次はそのほかの劣化抑制に関する管理ポイントについて述べる.

4.4.3　保存方法

新油，もしくは使用中のフライ油などを保管する場合，遮光と温度を管理す

図表4.9　保存環境の違いによる保管油の品質経時変化[5)]

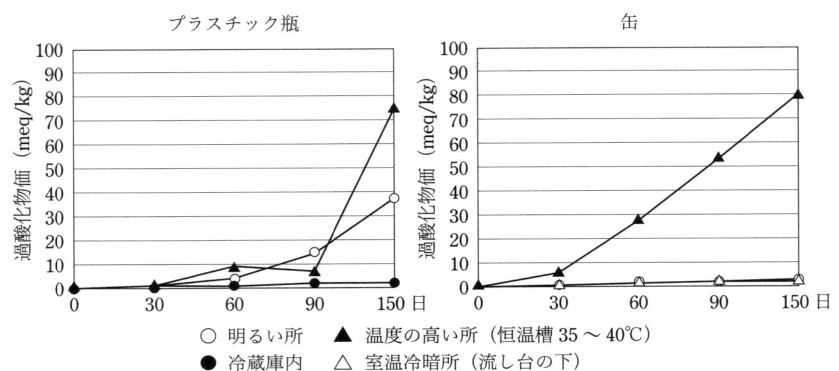

資料：公益財団法人日本油脂検査協会

ることが大切である．

図表 4.9 に保存環境の違いによる保管油の品質経時変化を示した．光を通すプラスチック瓶と，遮光できる缶に入れた油をそれぞれ明るい所（室内蛍光灯の下），温度の高い所（恒温槽 35～40℃），冷蔵庫内（5℃前後），室温冷暗所（戸棚内）に 150 日間保管し，その過酸化物価の推移を表したものである．プラスチック瓶に入れた保管油において，明るい所と温度の高い所に保管した油の過酸化物価は上昇しているのに対し，冷暗所に保管した油脂の劣化は抑えられている．缶に保管した油も同様の結果であることがわかるように，保管環境は油脂の劣化を抑える重要なポイントである．

4.4.4　使用フライ油の揚げカス除去の使用器具例 [6)]

「カス揚げ」によってフライ調理中の揚げカスを取り除く作業は，油脂の劣化を抑える方法として大切であることは前述したとおりである．フライ調理終了後の揚げカスを取り除くろ過などに使用するろ材について述べる．

ろ過材としては金網，ろ紙，ろ布，珪藻土，活性炭，耐熱繊維などがあるが，それぞれ一長一短を有しており，その調理現場や作業性，効率的な観点から選択することが望ましい．以下にろ過材・器具の特徴や性能について整理する．

①金網

粗大なカスを除去するのに適している．ろ過の速さでは網の開口サイズにもよるところがあり，開口が大きな網はろ過に要する時間が早いものの，細かな揚げカスを除去しにくい特徴がある．色度の改善効果はなく，ろ過器具としては購入時の初期投資がやや高価であるものの，洗浄などの維持や管理のしやすさから比較的よく使用されている．

フライヤーに設置されている油循環ろ過装置でも，金網ストレーナータイプなどが使用されるが，金網の網目サイズとして一般的に 60～200 メッシュ（JIS 目開き 250～75 μm）のサイズが用意されていることが多い．完璧な揚げカス除去を目指して，より細かいメッシュサイズを選定すると目詰まりを起こしやすくなったり，逆に粗いメッシュサイズを選定すると，目詰まりがしにくくはなるが十分な揚げカスの除去ができていないなどが生じてくる．そのため，導入する調理現場の作業状況や効率，フライ油の品質に合致した網目サイズの選定が望ましい．

適正なろ過回数については一般的に1日1回が適正であろう．1日に4〜5回程度もろ過をしたフライ油は，空気中の酸素により著しく酸化・劣化し，酸価の上昇，粘度上昇を引き起こし，揚げ物も極度な劣化臭を発していた事例がある．また，ろ過作業を行う際は，油温が高温である場合，火傷する危険性があるため，必ず90℃以下まで温度を下げてから行うようにするべきである．

②ろ紙

ろ紙の質にもよるが揚げカスは問題なく除去することができる．ろ過の速さは細かい揚げカスやオリが少なければ良好であり，安価であることが特徴である．フライ油のローテーションで使用する場合などは，使い方によっては紙の一部が離脱し，異物混入となる可能性に注意を払うことが大切である．また，使用済のろ紙の処理では油脂の酸化により自己発熱し，温度の高い環境などでは自然発火の恐れがあるため，使用済の紙を溜め込まず，速やかに水で濡らして自治体の定める方法で適切に処分することが必要である．

③ろ布

揚げカスの除去性能は良好で，ろ過の速さについても同様である．ろ布についても色度の改善はないが，コスト面では素材によって異なり，安価なものから高価なものまである．使用後洗浄し再利用を考える場合は，油脂であるが故の洗浄のし難さや，洗剤の残存などの観点からすると不向きではないかと思われる．フライ油のローテーションで使用する場合などは，布のほつれ糸などが異物となり混入する可能性があるため注意を要する．また，前述のろ紙同様，自然発火の恐れがあることに注意し取り扱う必要がある．

④珪藻土

ろ過助剤としてもよく利用されるろ過素材である．ろ過の処理時間も早く，安価ではあるが，珪藻土そのものが飛散しやすため取り扱いには，注意をはらわなければならない．

⑤活性炭

活性炭を紙などに固定しろ過をするなどの方法により，揚げカスやオリなどを除去する．ろ過の処理時間は活性炭の粒度にもよるが，細かい粒度の場合は非常に時間を要する場合がある．吸着剤であるため色度などの改善効果を有するが高価であるため，十分な費用対効果を勘案したうえで使用することが望ましい．

図表 4.10　フライ油の各種ろ過材・方法での性能・コスト比較[6)]

種　類	金　網	ろ　紙（粗い）	ろ　紙（細かい）	ろ　布	珪藻土	活性炭	耐熱繊維
ろ過特徴	粗大カス除去	粗大カス除去	カス・オリ除去	粗大カス除去	珪藻土が飛散する	紙などに固定	精密ろ過
ろ過性能	×	△	◎	○	○	◎	◎
色度改善	×	×	×	×	△	△	△
コスト	高価	安価	やや安価	安価～高価	安価	高価	高価

良好◎>○>△>×不良（相対比較）

⑥耐熱繊維

精密ろ過などにも利用される素材であり，ろ過性能も良好であるが高価であるため活性炭同様，費用対効果を勘案したうえで使用することが望ましい．

それぞれのろ材についてまとめたものを**図表 4.10** に示す．

4.4.5　調理器具の管理

現在では，調理器具やその設備のほとんどがステンレス製などで，銅製などの著しく油脂を劣化させる素材で製造されている器具はあまり見かけなくなった．フライヤーや炒め機などの油脂と接触するところが，劣化を促進する金属などである場合，油脂の劣化が進みやすくなる．調理器具や設備の洗浄で，特に油脂との接触面を洗浄するときは，キズや破損に注意を払う必要があり，それらが目立つ場合は更新を検討する必要がある．更新する際は，素材，使いやすさ，熱伝導率，耐久性，コストなどを考慮し検討することが望ましい．

4.4.6　フライヤーの洗浄[6)]

フライヤーの洗浄不良で，劣化油が付着していると新油の劣化が早まる可能性がある．また，フライヤー内に油脂が多く付着した状態で洗剤や油処理剤を使用し洗浄すると，油が乳化し排水へと流れ，排水処理の負荷を上げる．そのため，油脂をフライヤー槽から抜いた後は，紙などで内槽や電熱器に付着した油脂を十分に拭き取ってから，洗浄を始めることが大切である．さらに，洗浄作業中に油脂が排水溝へ流れ出ないよう，特に配慮しなければならない．排水処理設備で，排水中に廃油が 0.1％から 0.2％に上昇するだけで排水処理能力を

図表 4.11 フライヤーの標準的な洗浄方法[6)]

順 番	手 順
1	油を完全に抜き取り，揚げカスを取り除く
2	フライヤー内壁，伝熱面に付着した油を紙などで拭き取る
3	フライヤーに水を張り加熱する
4	浮いた油を吸油マットで取る
5	専用洗剤を加え，5分程度煮沸する
6	フライヤーの外側を洗浄する
7	加熱を停止し，火傷に注意しながら排水する
8	残っている汚れをブラシで落とす
9	多量の水を使用し洗浄する
10	水を満杯まで張り，そのまま排水する
11	布または紙などで水を拭き取る

2倍に増設する必要があるといわれている．油脂が直接，排水口に流出するのを防ぐのと，こぼれた油脂で床が滑りやすくなるのを防ぐために，油吸収マットなどを使用することが必要である．

洗浄方法としては，決められた，もしくは定められている方法は特になく，それぞれの調理現場における手順で洗浄されている．**図表 4.11** にフライヤーの標準的な洗浄方法を示すので，洗浄作業やそのマニュアル化などの参考として頂きたい．

4.4.7 フライヤー加熱方式の違いによるフライ油劣化特性

フライヤーの加熱方式には電磁誘導加熱（IHヒーター），電気抵抗（電気ヒーター），ガスバーナーの3つの方式があり，それぞれ特徴がある．この加熱方式の違いによるフライ油の劣化特性について次の試験例により述べる．

同じ実効出力のIHヒーター，電気ヒーター，ガスバーナー加熱方式のフライヤーを用意し，フライ油としてシリコーン油を添加していない大豆脱色油で試験を行った例がある[7)]．

この試験例では，それぞれ用意したフライヤーに大豆脱色油を張り込み，加熱中，油温が180±1℃となるよう制御している．実際の使用形態に近づける目的で，それぞれのフライヤーにステンレスパイプに水を通してフライ油の熱を奪う水冷負荷装置を設置し，冷却をしながらフライ油に熱負荷を与えての加熱試験を行った．

それぞれの発熱管（伝熱面）の表面温度は，測定平均値で IH ヒーターが 235.4℃，電気ヒーターで 338℃，ガスバーナーで 270℃であり，電気ヒーターの発熱管表面温度が最も高く，300℃を超える結果であった．これらの条件で連続加熱したそれぞれのフライヤーの比粘度の変化を**図表 4.12** に，カルボニル価の変化を**図表 4.13** に，色度の変化を**図表 4.14** に，酸価の変化を**図表 4.15** に示す．

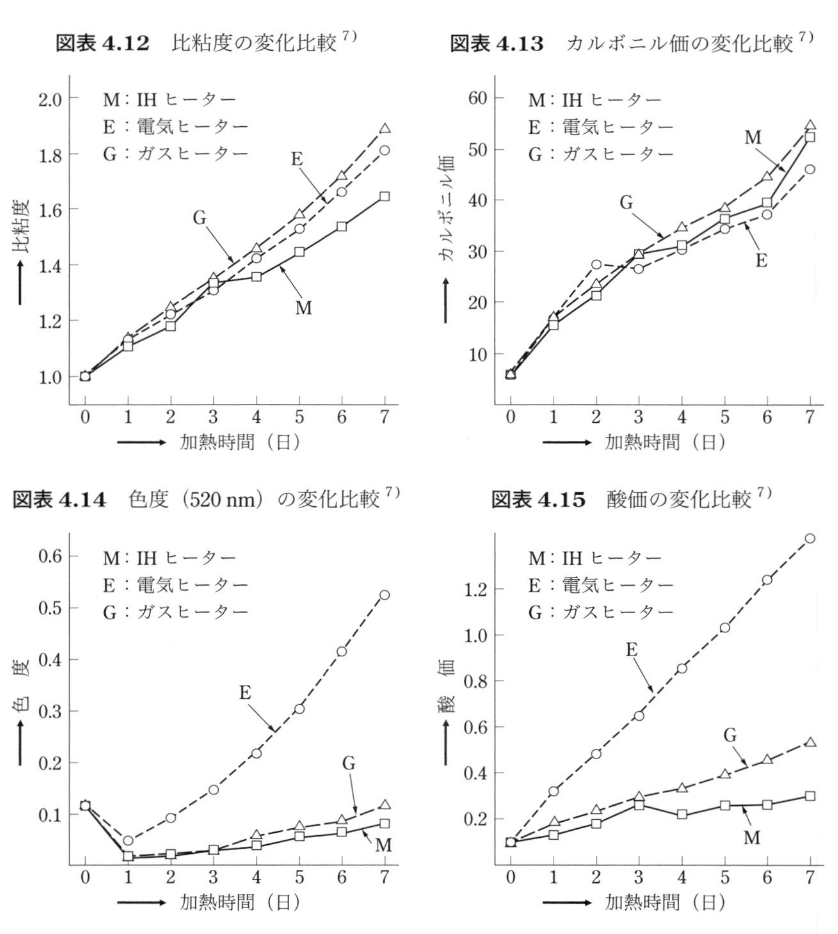

図表 4.12　比粘度の変化比較 [7)]

図表 4.13　カルボニル価の変化比較 [7)]

図表 4.14　色度（520 nm）の変化比較 [7)]

図表 4.15　酸価の変化比較 [7)]

北川和男「フライヤーの各種加熱方式がフライ油の劣化に及ぼす影響」日本油化学会誌，第 41 巻，第 10 号 (1992)

図表4.12〜4.15より，比粘度の変化に関してはIHヒーター方式が上昇しにくい傾向にあり，カルボニル価についてはガスバーナー方式が上昇しやすい傾向にあるが，ほぼ同等であると考えられる．一方で，色度の変化では電気ヒーター方式が顕著に上昇し，酸価でも上昇率が比較して大きい．特に，色度上昇と酸価上昇の結果を見ると，IHヒーター方式が劣化指標において上昇が少なく，次いでガスバーナー方式，電気ヒーター方式の順の結果となっている．この結果と，発熱管の表面温度を照らし合わせると，IHヒーター表面温度が235.4℃と比較して低く，次にガスバーナー表面温度の270℃，電気ヒーター表面温度338℃の順となり，劣化指標の上昇のしやすさと一致した傾向となっている．このことから，油脂の劣化は加熱伝熱面の温度の影響を受けることが示唆されている．

一般的にはIHフライヤーは他の加熱方式より，劣化が抑えられるといわれるが，フライ油の油種や品質，使い方によっても劣化度合いが変わってくる．そのため，フライヤーの導入を考える際には，実際の調理形態に近い状態でテストを行い，その結果と洗浄のしやすさやランニングコストなども含め検討し選択することが望ましい．

4.4.8 フライ調理標準管理のフォーマットモデル

これまで「4.3 油の劣化と衛生管理」（p.63）および「4.4 劣化防止のための適正使用方法と管理」（p.64）で述べたことに，大量調理施設衛生管理マニュアル（厚生労働省）に記載されている「揚げ物」マニュアルを反映して，フライ調理の標準管理フォーマットモデルを作成した．

大量調理施設衛生管理マニュアルについては参考までに以下に示す．

・大量調理施設衛生管理マニュアル（厚生労働省・最終改正：平成29年6月16日付け生食発0616第1号）[8] から抜粋

（加熱調理食品の中心温度及び加熱時間の記録マニュアル）

1. 揚げ物

① 油温が設定した温度以上になったことを確認する．

② 調理を開始した時間を記録する．

③ 調理の途中で適当な時間を見はからって食品の中心温度を校正された温度計で3点以上測定し，全ての点において75℃以上に達していた場合に

図表 4.16 フライ調理標準管理フォーマットモデル（参考）

工程名：フライヤーBフライ調理		管理・記録日		
管理項目	基準・手順・説明等	年　月　日（ ）	年　月　日（ ）	年　月　日（ ）
調理品				
前油	フライヤーA油			
フライヤー・器具目視点検	破損等の異常			
加熱開始時間	設定温度到達時間			
フライ開始時間	中心温度測定用フライ調理開始時間			
加熱終了時間	フライヤー電源OFF時間			
設定フライ油温度 [°C]	調理マニュアルに定める温度			
測定フライ油温度 [°C]	調理マニュアルに定める温度			
フライ調理品中心温度 [°C]	校正された温度計で３点測定	／　／	／　／	／　／
１回の設定フライ時間 [分]	調理マニュアルに定める温度			
加熱フライ油の状態	目視色・臭い（調理開始時責任者確認）			
フライ調理品の品質	外観・味・臭い（調理開始時責任者確認）			
差し油回数 [回]	新油で設定油面まで加えた回数			
差し油量 [Kg]	差し油の合計量			
空加熱時間 [時間]	空加熱の合計時間			
空加熱間設定温度 [°C]	設定揚げ油温度より50°C下げて設定			
フライ量 [個数]	フライ調理したトータル個数			
油ろ過実施時間	加熱終了後90°C以下で実施			
ろ過油酸価（簡易測定）	2.5以下			
ろ過油保存場所	温度コントロールされている室内			
フライヤー洗浄の有無	1回／週			
特記事項				

は，それぞれの中心温度を記録するとともに，その時点からさらに1分以上加熱を続ける（二枚貝等ノロウイルス汚染のおそれのある食品の場合は85～90℃で90秒間以上）．

④ 最終的な加熱処理時間を記録する．

⑤ なお，複数回同一の作業を繰り返す場合には，油温が設定した温度以上であることを確認・記録し，①～④で設定した条件に基づき，加熱処理を行う．油温が設定した温度以上に達していない場合には，油温を上昇させるため必要な措置を講ずる．

図表4.16に示す，フライ調理標準管理のフォーマットモデルは，学校給食やスーパーの惣菜等調理室での調理を概ねイメージして作成した．食品工場や調理現場それぞれの管理方法やオペレーションに中で活用するフライ調理管理の参考として頂きたい．

このようなフォーマットモデルを用いて管理・運用した場合，フライ食品品質やフライ油管理が可能であるほか，フライ調理の技術的な蓄積データとして，採用油種の評価やフライ食品品質の改善，調理作業改善等に活用できる有用な情報にもなり得る．

4.5 加熱安定性の高い油脂の活用

4.5.1 パーム系油脂の活用

加熱安定性ないしは，酸化安定性の高い油脂として挙げられるのが「パーム油」である．パーム油は飽和脂肪酸であるパルミチン酸（C16:0）と一価不飽和脂肪酸であるオレイン酸（C18:1）でほぼ構成され，脂肪酸組成としてはそれぞれ約50%ずつの構成となっている．常温で半固体から固体の性状を有しているため，フライ油としては冷所での使用に難点があったが，自然分別（冷却分別）の技術により，冷所でも固化しにくい分別液状部である「パームオレイン」によって，フライ用途への活用が広がってきた経緯がある．パーム油の1回目の分別によって得られるパームオレインを，更に分別した液状部である「スーパーオレイン」は更に固化や冷却沈降しにくく，その加熱安定性のよさもあって，フライ油やかけ油などとして広く活用されている．

一方，パーム油の分別硬質部である「パームステアリン」は石鹸や界面活性剤の原料として利用され，パームオレインから分別された硬質部の「中融点部」（PMF：Palm Mid Fraction）は，チョコレートや製菓・製パン用の油脂として利用されている．

このように，パーム油はその性質から分別によって様々な特性の油脂を製造することができ，これらの一群の油脂をパーム系油脂と呼ぶことがある．**図表 4.17** にパーム系油脂の分別と得られる各種油脂の特性と用途を示す．

フライ油としてよく利用されている油種として大豆油や米油があるが，これらの油脂とパーム油の加熱安定性を比較したものが，**図表 4.18** である．この試験は試験管にそれぞれの精製したパーム油，大豆油，米油を複数の試験管に入れ，180℃にて任意の時間加熱後，劣化指標である過酸化物価（PV*），カルボニル価（CV），酸価（AV）および極性化合物（PC）を分析し比較している．

過酸化物価を示す PV* をみると，いずれの油脂においても上昇がほぼ認められないことについて，加熱条件がフライ調理時の温度帯である 180℃と，高温であることから過酸化物が分解しているため，このような結果になったと考えられる．また，極性化合物を示す PC％はパーム油の加熱では，大豆油や米油と比較して，その上昇が抑えられていることからなどから，パーム油は加熱安定性の良い油脂であることがわかる．

パーム油の加熱安定性の良さは，主な要因としてヨウ素価にあると考えられる．つまり飽和脂肪酸であるパルミチン酸，一価不飽和脂肪酸であるオレイン

図表 4.17　パーム油の分別と各種パーム系油脂の特性と用途[9,10]

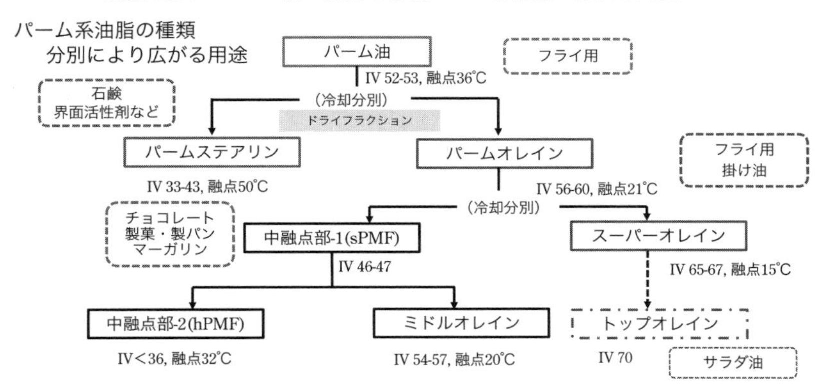

海老原善隆「熱帯植物油脂の性質と利用」熱帯農業 35 (3) (1991)
Eur. J. Lipid Sci. Technol. 109 (2007)

酸が主な構成脂肪酸であることから，そのヨウ素価は大豆油や米油と比較して低い．また，その他の要因としてはパーム油が有するトコトリエノールなどの微量の原料由来抗酸化成分が影響しているものと考えられる．

図表 4.18 各種油種の油脂劣化指標の変化比較[11)]

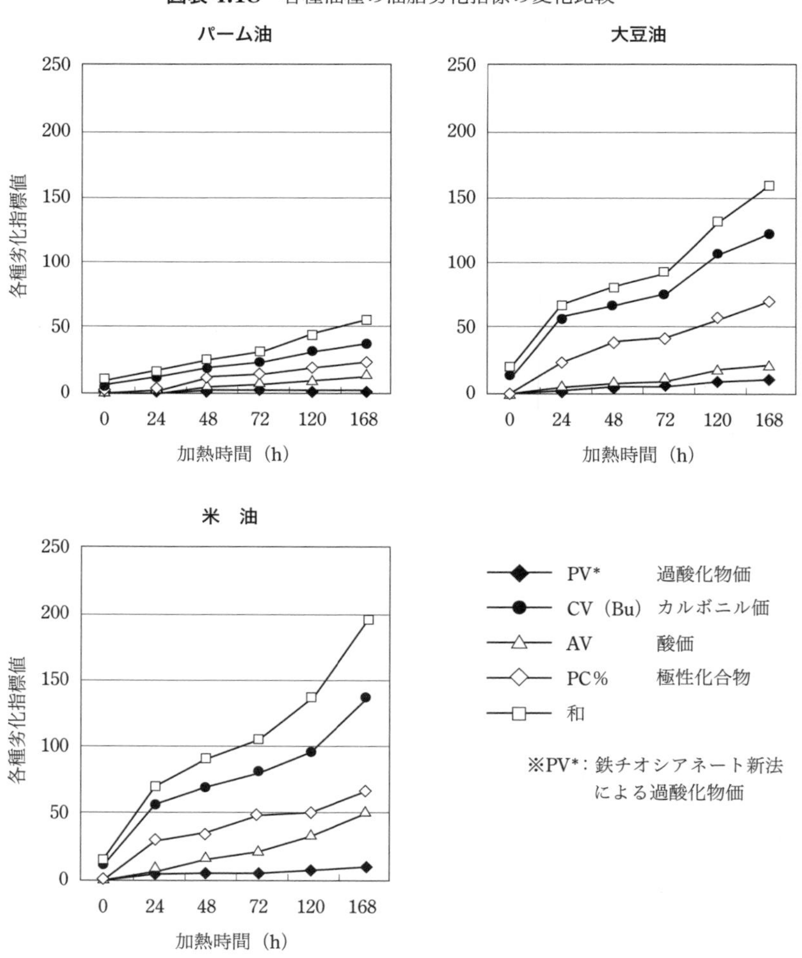

※単位：PV*（meq/kg），CV（meq/kg），AV（meq/kg） ※CVの単位μmol/gはmeq/kgで示した．AVの単位KOHmg/gをmeq/kgに換算した． ※「和」はPV*（meq/kg），CV（meq/kg），AV（meq/kg）の合計値．

4.5.2　パーム系油脂活用における留意点

食品・調理面でのパーム油は，独特の加熱風味があり，あっさりしていて淡泊であるという特徴を持っている．パーム油もしくはパームオレイン単体での使用では，風味に違和感や物足りなさを感じるかもしれない．そのため大豆油，コーン油，米油などの風味のある油種との配合により，高い加熱安定性と好ましい風味感を有するフライ油とすることが期待できる．

また，特にパーム油では，冷所に保存すると固化が生じ，注ぎ口の小さな斗缶などで保管している場合，注ぎ口から出なくなることがある．パーム油を2段分別処理などで得る液状部のヨウ素価が65以上の高いパームオレインでは，冷所でも固化や油脂結晶の析出・沈降が生じにくく，酸化安定性も良いため活用されることが多い．しかし，冷所に長期間保存した場合には油脂結晶が生じ，析出・沈降が発生することがある．このようなパームオレインを単品で使用されることもあるが，通常は大豆油，菜種油，コーン油などの液油と配合している場合が多く，さらに析出・沈降が発生しにくい，耐寒性に優れた配合油として利用されている．これらの耐寒性に優れた配合油も改善されているとはいえ，冷所での長期保管で析出・沈降が生じる場合がある．この対策として一例を挙げると，油脂結晶の発生を抑制する効果を有する食品乳化剤のポリグリセリン脂肪酸エステルを0.05〜0.1％配合し，耐寒性をさらに改善する技術がある[12)]．

4.5.3　大手食品メーカーのパーム系油脂活用事例[13)]

ここではカルビー株式会社ホームページに掲載されていたコンテンツ「ポテトチップス製法の謎を探れ」(2020年3月現在, 掲載されておりません.) において，そのフライ油の劣化抑制や，ポテトチップスのおいしさのための参考となる事例が掲載されているので紹介する．

①フライ油の交換と劣化抑制策

フライ油は製造過程でポテトチップスが吸油するため減りが早く，熱交換器で加熱した新油を随時継ぎ足しているため，すべてのフライ油を新鮮なうちに使い切っている．また揚げカスを食油ろ過器で遠心分離除去しているので，基本的にフライ油が新鮮で替える必要がない．フライ油を酸化しやすい直火加熱ではなく，熱交換器で間接加熱しているため劣化しにくい．また，フライ油が滞留しているところに加熱するのではなく，ある程度の流れの中でフライ油の劣化を抑制しながら加熱しているとのことである．

熱交換器で加熱した新油を随時継ぎ足しているという作業は，「4.4.2 フライ油適正使用・管理のための8つのポイント」の「差し油」(p.69) と同じで，揚げカスの除去もまた同様である．フライ油劣化抑制のポイントである熱交換器で間接加熱しているという点は，フライ油と接触する加熱伝熱面の温度を，直火加熱の場合の温度よりも低い温度で効率良く加熱することにより，フライ油の過度な加熱を避けフライ油の劣化を抑えるための操作と考える．このことは，「4.4.7 フライヤー加熱方式の違いによるフライ油劣化特性」(p.76) において，加熱伝熱面の温度が高い場合，フライ油が劣化しやすい傾向にあるという結果と対比すると理解しやすい．

②酸化しにくい油種の使用とポテトチップスのおいしさ付与

米油とパーム油をブレンドして使用している．ポテトチップスにはメーカーごとにブレンド比率は異なるが，基本的に米油，パーム油，パームオレインの3種が使用される．パーム油は酸化しにくいのが特徴で，あるアメリカのメーカーのポテトチップスはパームオレイン100％で揚げている．しかし，油の味はすごく淡泊で風味はない．そこで，米油は日本人が好む風味がある油なので，パーム油と米油をブレンドすることで時間が経ってもおいしいポテトチップスができるとのことである．

前項の「4.5.2 パーム系油脂活用における留意点」で，パーム油独特の加熱風味を有し，淡泊な味であるこを述べた．このようなパーム油の持つ課題も，米油を配合するという工夫で解決している．

4.6　抗酸化剤による劣化防止

油脂の酸化・劣化を防止する目的として抗酸化剤（酸化防止剤）を添加し，もしくは原料由来で含まれる抗酸化機能を活用することなどが行われる．ここでは，トコフェロールなどの抗酸化剤や，複数の抗酸化剤の組み合わせによる相乗効果，食品添加物の抗酸化機能について述べる．

4.6.1　トコフェロール

代表的な抗酸化剤の一つとして挙げられるのがトコフェロール，つまりビタ

図表 4.19　トコフェロール（ビタミン E）の化学構造式と各種同族体

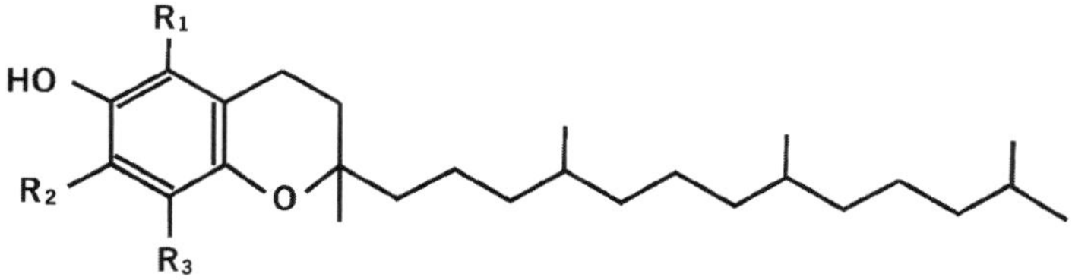

誘導体	R_1	R_2	R_3	生体抗酸化	油脂抗酸化
α	CH_3	CH_3	CH_3	◎	×
β	CH_3	H	CH_3	○	△
γ	H	CH_3	CH_3	△	○
δ	H	H	CH_3	△	◎

図表 4.20　各種油脂のトコフェロール含量 [mg/100g]

	α	β	γ	δ	Total
大豆油	10.4	2	80.9	20.8	114.1
菜種油	15.2	0.3	31.8	1	48.3
コーン油	17.1	0.3	70.3	3.4	91.1
米油	25.5	1.5	3.4	0.4	30.8
ごま油	0.4	Tr	43.7	0.7	44.8
サフラワー油（ハイオレイック）	27.1	0.6	2.3	0.3	30.3
ひまわり油（ハイオレイック）	38.7	0.8	2	0.4	41.9
綿実油	28.3	0.3	27.1	0.4	56.1
パーム油	8.6	0.4	1.3	0.2	10.5
オリーブ油	7.4	0.2	1.2	0.1	8.9

※ Tr：検出せず

文部科学省ホームページ「食品成分データベース」

ミン E であり，原料由来の抗酸化成分である．その化学構造式と各種誘導体を**図表 4.19** に示す．

トコフェロールには α，β，γ，δ の 4 種類存在し，それぞれ生体内抗酸化能と食用油脂への抗酸化能が異なる．生体内抗酸化能において，その機能が最も高いのはα体で，次にβ体，γ体，δ体の順となり，すなわちα体＞β体＞γ体＞δ体の関係にある．一方で食用油脂への抗酸化能は生体内抗酸化能とは逆で，その機能が最も高いのはδ体，次にγ体，β体，α体の順となり，すなわちδ体＞γ体＞β体＞α体という関係にある．

図表 4.20 に代表的な食用油の各同族体トコフェロールの含量を示す．

トータルのトコフェロール含量で見た場合，文部科学省が提供している食品成分データベース（https://fooddb.mext.go.jp/）によれば，最も多いのが大豆油で，次がコーン油となっている．それぞれ100 mg/100g 前後の含量を有し，食用油脂に対する抗酸化能が高いγ体が多い組成となっているのが特徴である．

他方で，注意が必要なのはトコフェロール含量が多い油脂は，一様に酸化・劣化がしにくく，長持ちするとは単純にいえないところにある．酸化・劣化には他の抗酸化成分や油脂の精製度合い，ヨウ素価や使用条件など様々な要因があるためである．またトコフェロールには他の抗酸化成分と共存させることにより，その相乗効果が向上することが知られている．これらは抗酸化剤を劣化防止に効果的に活用していくという観点で必要な知見となるため，次で詳細を説明していきたい．

4.6.2　トコフェロールの配合

トコフェロールには，原料由来と合成されたものとの2タイプがある．原料由来は，概ね油脂の生産工程である「脱臭工程」の脱臭留出物から回収，精製されたもので，市販の添加する抗酸化剤としては原料由来のものが多いと思われる．

他方で，α-トコフェロールはビタミンEとして消費者庁が指定する栄養機能食品の機能性成分である．その1日当たりの摂取目安量に含まれる栄養成分量が，1.89～150 mg である場合に栄養機能表示である「ビタミンEは，抗酸化作用により，体内の脂質を酸化から守り，細胞の健康維持を助ける栄養素です.」を注意喚起表示と共に表示することができる．

主な原料由来のトコフェロール（ビタミンE）を用途目的別にまとめたものを**図表 4.21** に示す．

油脂の抗酸化を目的としてトコフェロール製剤を使用する場合は，γ体，δ

図表 4.21　主な原料由来の用途目的別トコフェロール（ビタミン E）

	油脂抗酸化	栄養機能強化	成　分
ミックストコフェロール	○	○	d-α，d-β，d-γ，d-δ
α-トコフェロール	×	◎	主成分：d-α
γ-トコフェロール	○〜◎	△	主成分：d-γ
δ-トコフェロール	◎	×	主成分：d-δ

体が多い組成の製剤を選択することがポイントである．油脂に対する有効添加量は，脂肪酸組成や既に含有しているトコフェロール含量と組成によって異なる．実用的には0.03〜0.1％程度であると思われるが，トコフェロール製剤を使用する際の添加量は，なるべく実用的な試験に基づく最適添加量を設定することが好ましい．

4.6.3　トコフェロールとアスコルビン酸（ビタミン C）の相乗効果による抗酸化能[14)]

アスコルビン酸，アスコルビン酸パルミテート（脂溶性）は代表的な酸化防止剤として知られており，単独でも酸化防止能を示すが，フェノール系酸化防

図表 4.22　アスコルビン酸とアスコルビン酸パルミテートの化学構造式

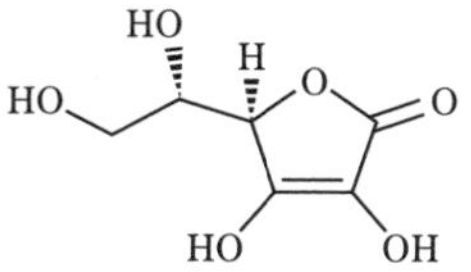

アスコルビン酸 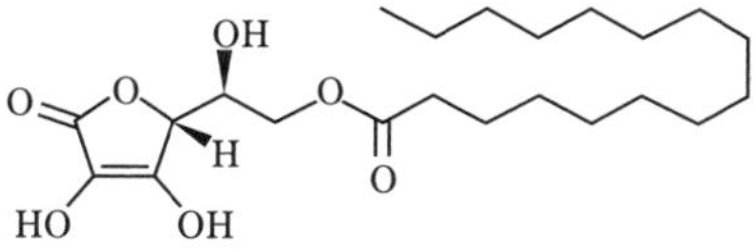　アスコルビン酸パルミテート

図表 4.23　トコフェロールとアスコルビン酸との相乗効果

酸化防止剤	酸化防止率※	
	0.5 時間	1.0 時間
トコフェロール（0.003 mol）	1.3	1.6
アスコルビン酸（0.0015 mol）	1.7	1.2
トコフェロール＋アスコルビン酸	110	46

注）リノール酸エマルジョン，ヘモグロビン添加，37℃
※酸素吸収量から計算

止剤と共存すると相乗効果を発揮することが知られている．

図表 4.23 にトコフェロールとアスコルビン酸の単体と，共存させた場合の抗酸化能を比較した例を示した．この試験はリノール酸エマルジョンにヘモグロビンを添加し，37℃での酸化をそれぞれの抗酸化剤（酸化防止剤）がどれくらい抑制できるかについて表している．この試験結果から見られるように，共存における相乗効果を有することがわかる．

アスコルビン酸は油脂に対して，ごく微量しか溶解しないが，アスコルビン酸脂肪酸エステルである，アスコルビン酸パルミテート（パルミチン酸エステル）は油脂への溶解性が比較的良好で使用するには実用的であると思われる．

一方で，α-トコフェロールは，飼料添加物である抗酸化剤エトキシキン（Ethoxyquin）と共存すると，その抗酸化能が著しく減少するという逆効果（相反効果）となる例があるので，抗酸化剤の利用を検討する際は保存試験などで効果を確認することが必要である．

4.6.4　クエン酸（金属不活性化剤）

油脂の酸化を促進する金属イオンをクエン酸がキレートすることにより，その活性を抑制する．

キレート系の金属不活性化剤では，油脂においてはクエン酸が代表的な酸化防止剤であるが，酒石酸，リン酸，フィチン酸なども酸化防止剤として知られている．リン脂質も同様の作用・効果を有し，特にホスファチジン酸（PA）のキレート能が高い．また，トコフェロールなどのフェノール系酸化防止剤に対して，相乗効果を有する．

クエン酸は175℃程度で熱分解するので高温条件下での使用には注意を要する．また，油脂に対する溶解度が低いため，油脂に添加する場合は油脂製造工程の最終工程である脱臭工程で，脱臭処理後の油脂を冷却する段階（120～140℃）で，水溶液として油脂に0.01％程度添加し溶解させる．製造された油脂には20 ppm前後のクエン酸が含まれる．

図表 4.24　クエン酸の化学構造式

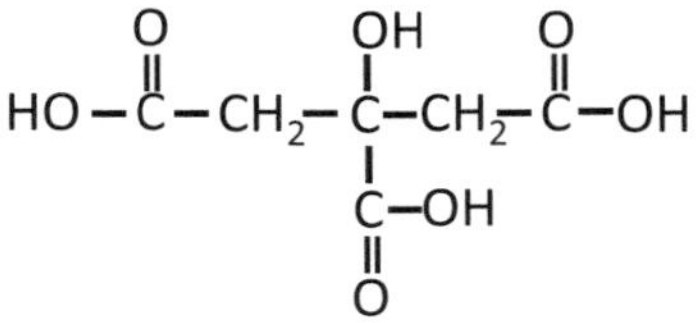

$$HO-C(=O)-CH_2-C(OH)(C(=O)-OH)-CH_2-C(=O)-OH$$

4.6.5 香辛料等抽出物の抗酸化能

香辛料抽出物の中でも，セージ，ローズマリー抽出物には強い抗酸化能がある．各種香辛料抽出物の抗酸化能を**図表 4.25** に示す．

セージとローズマリーから，ロスマノールをはじめとする，4種のオルトジフェノール構造を有する新規アビエタン型ジテルペンを見出し，ラードに対して非常に効果的な抗酸化能を示すことが報告されている[16]．

ローズマリー抽出物は食用油脂だけではなく，様々な食品やその成分の抗酸化剤として市販され，ゼージはエキスとして化粧料・機能性成分用途などに市販されている．

図表 4.25 香辛料抽出物の抗酸化性（AOM 法）[15]

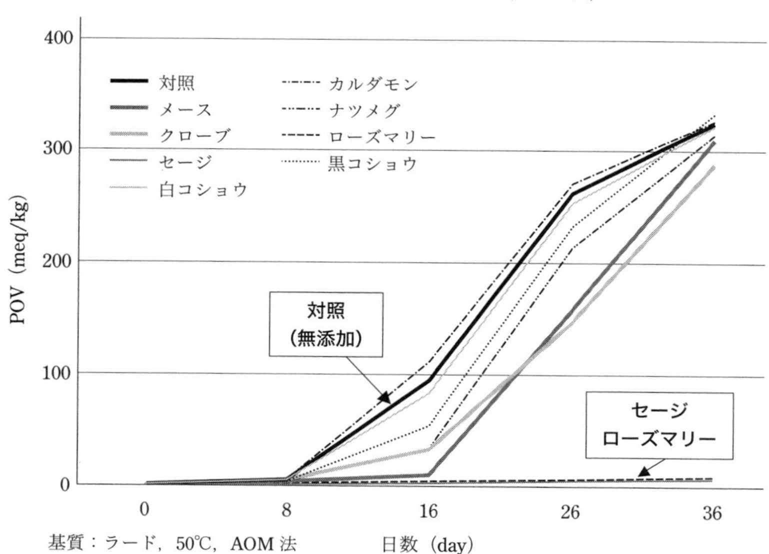

4.6.6 シリコーンの劣化抑制効果

食品添加物であるシリコーン（ポリジメチルシロキサン，Polydimethylsiloxane, PDMS）は加熱油脂の劣化抑制効果を有することが知られている．本来，シリコーンには消泡作用があり，大型フライヤーで揚げ調理をする際，消泡剤であるシリコーンが入っていない場合，フライヤー槽から発生した泡があふれ，調理中に火傷などの事故が発生する危険性があるため，一般的に業務用製品にごく微量添加されているが，添加されていない製品もある．添加量としては実用的に 1〜3 ppm の添加が適当ある[17]．一方で，家庭用製品には添加されていない．

シリコーンの劣化抑制効果について大豆油とパーム油を用いて，シリコーンの効果を比較した結果を**図表 4.26** に示す．

具体的な試験方法としては，THOC が油を 180℃，25 時間加熱したもので，SDFC の水噴霧加熱はフライ条件に近似したモデル条件で加熱したものである．すなわち，SDFC は 180℃の油中に水を 25 g/100g 油 /h の流量で噴霧し，フライ調理時の泡を再現した試験で，大豆油とパーム油のそれぞれシリコーン 2.5 ppm 含有している油と，含有していない油をカルボニル価で評価した試験結果である[18]．

図表のように，大豆油とパーム油それぞれ同じくシリコーンが 2.5 ppm 含有している油脂は，含有していない油脂と比較してカルボニル価が低値を示し，THOC 加熱系（加熱のみ 180℃，25 時間）と SDFC 水噴霧加熱系（水噴霧加熱 180℃，10 時間）の比較でも同様の結果となっている．また大豆油とパーム油の比較ではシリコーンの劣化抑制効果をより発揮するのは，大豆油であることがわかる．大豆油はパーム油と比較して不飽和脂肪酸が多いため，酸化の影響を受けやすい油脂であり，シリコーンは酸化しやすい油脂に，より効果を有することが示唆されている．

シリコーンが油脂の劣化抑制ないし抗酸化効果をなぜ有するのかについて，

図表 4.26　熱酸化および類似のフライ条件下における大豆油とパーム油の総カルボニル価の変化の比較[17]

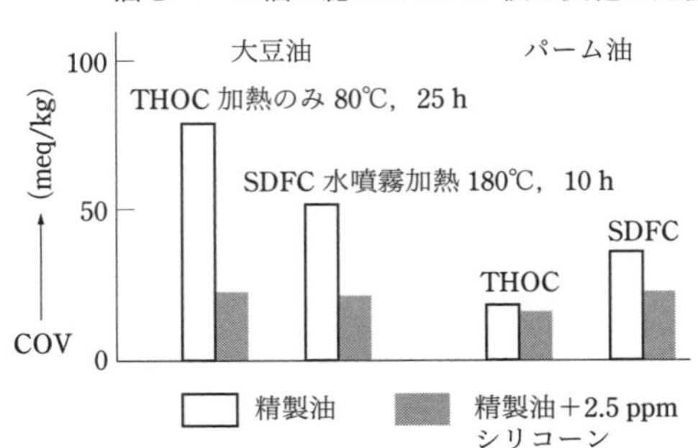

湯木悦二「フライ油の問題点とその対策」日本油化学会誌，第28巻，第10号 (1979)

一説として，シリコーンが油脂の空気と接触する面で単分子膜を形成し，酸素と油脂の接触または吸収を阻害しているといわれている．

また，シリコーンの単分子膜説とは別に，シリコーン添加油脂中に分散するシリコーン粒子が，抗酸化効果を発揮することが証明されている．油脂中に分散しているシリコーン粒子は，酸素分子のクラスターをその近傍に引き付け，脂肪酸との酸化反応を妨害し，油脂の酸化を抑制していると考えられることが報告されている[19)]．

シリコーンの安全性については，急性毒性，慢性毒性，一般生化学試験等の試験で安全性が確認され，食品・添加物等の規格基準（厚生省告示第 370 号）において 0.050 g/kg（50 ppm）を上限として，消泡目的に限り使用が認められている．

4.7 プラスチック系包装材による劣化防止

油脂食品の包装は，油脂劣化防止に重要な役割を果たす．プラスチック系の包材は缶などによる包材とは違い，光や酸素を透過するものもあれば，遮光性や酸素遮断性を兼ね備えた包材など様々な性能，種類がある．ここでは，プラスチック系包材による油脂の劣化防止について述べる．

4.7.1 酸化防止に求められる包装材の性能

求められる性能は光，特に紫外領域の光透過遮断性と，酸素遮断性の 2 つが特に重要である．光透過遮断において，油含量の多い食品である油菓子等では，光劣化を含む酸化を防止する目的でアルミニウム箔やアルミニウム蒸着フィルムを使用している例が多い．ただし，内容物を消費者に見えるようにしたいなどの理由から，完全に遮断できない場合は，部分遮光として光透過性の少ないフィルムで包装し遮光効果を得る工夫をしている．

油脂の光酸化に大きく影響を与えるのが，波長 500 nm 以下の近紫外部，さらに 380 nm より短い紫外部であるので，この波長領域の光を遮断することが油脂の劣化防止には特に重要である．

酸素遮断性では，包装材により酸素透過性がそれぞれに異なる．ガスバリアー性ともいうが，酸素は油脂の酸化に大きく影響を与えるものであるから，酸素透過性の低い包装材を選択・使用することが重要である．

紫外光を吸収する層を有する多層フィルムやボトル，酸素透過性の低い多層ボトルなど，包装材メーカーで多種多様な製品が開発されている．選択の際には必ず保存試験を行い，相性や費用対効果を見極めた上で採用することが必要である．

4.7.2　包装材の種類による酸化防止性能

包装材による酸化・劣化の具体的な保存試験例を次に述べる．この保存試験例は油脂含有食品としてポテトチップスを用い，包装材料はスナック食品に用いられている．5層ラミネートフィルムを想定して各種蒸着フィルムを含む6種類の包装材料を熱溶融ラミネート法により作成している．また，波長500 nm以下の光線について，印刷によって遮光性を与えるために金赤色，および白色のベタ印刷を行ったものである．このような方法で作成された包装材料の諸物性をまとめたものを**図表4.27**に示す．

これらの各種包装材料を用いて，内径260×160 mmのパウチを作成しポテトチップスを60 g充填した包装品を，光照射条件が白色蛍光灯1,500 Lux, 37℃一定の恒温槽内で6ヵ月間保存試験を行ったものである．そして，それぞ

図表4.27　試験包装材料の諸物性（5層ラミネートフィルム）[20)]

蒸着種類	遮光用印刷	光透過性 透過率	ガス透過性※ O_2 / H_2O	図表4.28に対応したプロット
アルミ蒸着	なし	310～600nm 1～3%	1.7 / 0	○
アルミ蒸着	金赤・白色	190～900 nm 1%以下	0.9 / 0.4	●
シリカ蒸着	なし	380 nm以上 90%	4.8 / 1.4	△
シリカ蒸着	金赤・白色	560 nm以下 0.2%以下	0.6 / 0.5	▲
アルミナ蒸着	なし	380 nm以上 90%	1.6 / 2.7	□
アルミナ蒸着	金赤・白色	560n m以下 0.2%以下	2.7 / 2.8	■

※ O_2：cm^3/m^2・day・atm，H_2O：g/m^2・day

土屋博隆ら「油脂の酸化劣化に関与する光波長と包装材の遮光性について」日本包装学会誌 Vol.5, No,4 (1996)

れの保存日数で，保存されたポテトチップスから油脂を抽出し過酸化物価を測定している．その結果を**図表 4.28** に示す．

この図において，各種包装品の過酸化物価上昇カーブを比較すると，アルミ蒸着材料の遮光用印刷を施したものが，最も酸化安定性が良好といえる．アルミ蒸着材料では遮光用印刷なし，あり共に光透過率より光が透過していないことがわかるが，この酸化安定性の差異は，ガス透過性を見ると遮光用印刷を施している方が低くなっていることが，この差につながると推測される．シリカ蒸着材料とアルミナ蒸着材料では，遮光していれば酸化安定性の性能がそこそこ発揮できるが，遮光していない場合は，激しく酸化が促進していることがわかる．この試験結果からいえることは，包装材料を選択する際に，ガスバリア性と遮光性をセットで考えることが必要ということである．包装材料・フィルム製造各社では，ガスバリア性とUVカット性能を合わせ持つ，さまざまな製品が開発されているので，包装材料を決定する場合はそれらを対象食品の保存試験で効果を確認し，選択することが必要である．

また，これらに，窒素などの不活性ガス充填や脱酸素剤の技術を組み合わせると，より効果的であり，現状のポテトチップスの包装については，蒸着フィルムと窒素充填のセットで酸化を防止しているものがある．

ペットボトルなどの包装材料や容器は保存状態によっては，内部の加圧や減

図表 4.28　保存ポテトチップス含有油脂の過酸化物価経時変化[20)]

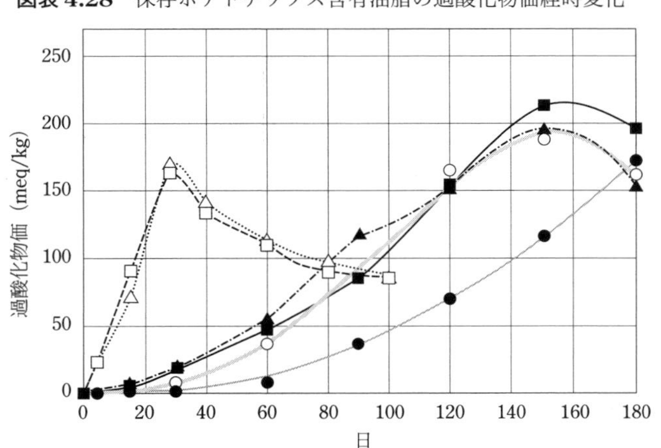

土屋博隆ら「油脂の酸化劣化に関与する光波長と包装材の遮光性について」
日本包装学会誌 Vol.5, No,4(1996)

圧を起こし変形する場合があるが，これも保存試験を行うことで確認することができる．

4.8　脱酸素による劣化防止

油脂食品の劣化を抑制するためには包装容器内の酸素濃度を管理することの必要性について述べたが，その酸素濃度を低減する手段の一つとして，脱酸素剤の利用がある．

脱酸素剤は油脂のみならず，食品の劣化を抑える目的で包装容器内に封入されている場合がある．例えば，活性酸化鉄などの鉄系，もしくはアスコルビン酸などの非鉄系である酸素吸収材を，酸素が透過するパックに封入し利用されている．この脱酸素剤を食品と一緒に密封容器中に同封することにより，容器内の酸素を吸収し，食品と酸素の接触を抑制する．

脱酸素剤の効果として，大豆白絞油をヘッドスペースができるようにプラスチックフィルムに入れ，脱酸素剤をヘッドスペースに設置し密封したもの，および設置せずに密封したものの保存試験の結果を**図表 4.29** に示す．この試験例では脱酸素剤として，三菱ガス化学株式会社製の鉄系脱酸素剤エージレス(Z-50・酸素吸収量 50 mL/1 袋）を使用し，過酸化物価を評価指標として，約 7ヵ月間（207 日間）保存期間中の自動酸化に与える影響を示している．なお，図表においてヘッドスペースに酸化防止剤を封入した系が 2 つあるが，これはプラスチックフィルムの素材が違うのみである[21]．

このように，ヘッドスペースに脱酸素剤を設置したものは約 7ヵ月間，プラスチックフィルムに封入されて，保存された油脂の自動酸化がほとんど進んで

図表 4.29　大豆白絞油のプラスチックフィルム包装における脱酸素剤の効果[21]

大豆白絞油（50 mL） ヘッドスペース（92 mL）				
脱酸素剤設置位置		ヘッドスペース 脱酸素剤あり①	ヘッドスペース 脱酸素剤あり②	脱酸素剤なし
過酸化物価 (meq/kg)	0 日保存	1.1	1.1	1.1
	207 日保存	0.7	0.5	28.4

市川和昭ら「脱酸素剤による食用油の保存性向上（第 2 報）」日本油化学会誌 第 45 巻 第 9 号 (1996)

いないことがわかる．一方，脱酸素剤をヘッドスペースに設置しなかった方の油脂の過酸化物価は，約7ヵ月間で28.4 meq/kgと自動酸化が進行している．このように，ヘッドスペース内の酸素を除去することは油脂の酸化・劣化に有効であり，油脂食品においても同様である．脱酸素剤の利用を検討する場合は，各種の脱酸素剤を用いて保存試験などを行い，適切な使用方法，対象食品への効果や，金属探知機の有無などのライン適正を考慮したうえで選択することが望ましい．

4.9　劣化防止に寄与する成分

油脂食品の中でも水分を多く含む食品が多数ある．例えば，文部科学省がホームページ上で提供している食品成分データベース（https://fooddb.mext.go.jp/）に収載されているデータによると，豚ロース（脂身つき，生）では脂質が19.2 g/100gで，水分が60.4 g/100gであり，鶏全卵（ゆで）では脂質が10.0 g/100gで，水分が75.8 g/100g（ダウンロード日：2019年11月7日）である．

水分については「3.6.4 共存する食品成分の酸化・劣化への影響」（p.54）の中でも述べたように，水分活性が0.3〜0.4で最も安定するという知見があるが，トリグリセライドの加水分解による劣化を考慮に入れる必要がある．また，フライ調理では，種物の水分が多いとフライ中のフライ油温度の低下が大きく，しっとりや油っぽいなどの揚げ上がりになるなど食感が悪くなることがあるため注意が必要である．

一方で，調理・加工等により，抗酸化作用を有する生成物ができることがある．例えば，アミノ酸とグルコースなどの還元糖の反応（メイラード）により生成する「メラノイジン」は強い抗酸化力が認められており，意図せず利用されていることが多い．ドーナツや揚げせんべいの焼き色は主としてメラノイジンよるもので，一般に焼き色の強い製品ほど油脂が劣化しにくい傾向にある．

図表4.30にメラノイジンとトコフェロールのそれぞれの効果，およびそれらの相乗効果を溶液法によって試験した結果を示す．

この溶液法とは，基質としてリノール酸を使用し，40％エタノール溶液として37℃暗所に保存し，経日的に取出してロダン鉄法による過酸化物価を測定する方法で，水溶性試剤の抗酸化性を試験する方法である．

図表より，メラノイジンやトコフェロール単体でも抗酸化機能を発揮する

図表 4.30 メラノイジンと d-δ-トコフェロールの相乗効果[22)]

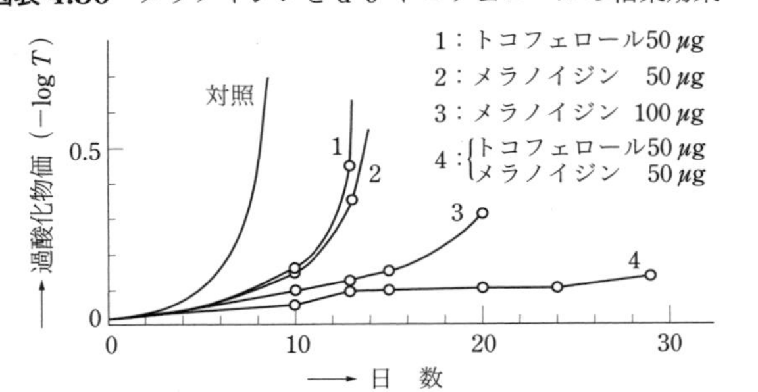

が，これら2種を併用することにより相乗効果が増幅されることがわかる．メラノイジンの抗酸化性を利用する場合の難点は，メラノイジンが油に溶けにくいことである．そのため，メラノイジンを油脂加工食品に利用する場合，油脂の存在する状態でメラノイジンを生成させることがポイントとなる．これらによってメラノイジンの生成過程で油溶性の抗酸化成分が油に溶解して抗酸化能を発揮しやすくなる[22)]．デンプン等の食材の影響により，油脂の酸化が激しい場合等の対応策として，これらの成分を考慮しレシピ組み立てや調理法を検討することが望ましい．

4.10 香味油による劣化臭・異風味の抑制

香味・風味油には，油脂の劣化臭をマスキングする効果があることが知られている．焙煎ごま油，オリーブ油やショウガ，ネギ，ニンニク，唐辛子等の香味油は食品素材，特に水産系の好ましくない臭い（魚臭）をマスキングする効果があり，この効果は比較的よく知られているところである．例えば，炊飯米飯類の酸味酸臭抑制に焙煎油を使用する例がある[23)]．

炊飯した米飯類には異風味として好ましくない穀物臭を感じることがあり，また，日持ち向上目的として，炊飯時に少量の酢を添加することがある．この場合，炊飯された米飯には酸味，酸臭を感じ，炊飯米そのものの好ましい風味に少なからず悪影響を与える場合がある．これらの好ましくない風味をマスキングする方法として，焙煎ごま油，焙煎えごま油や焙煎菜種油を生米に対し0.001％～0.12％添加し炊飯すると，これらの異風味がマスキングされ好ましい風味の米飯が出来あがるというものである.

また，レモン果皮を圧搾して油分を分離精製して，得られたレモン油による魚油の酸化臭（魚臭）をマスキングする方法がある[24]．具体的には，DHA が 25～50wt％含有する魚油に，レモン果皮を圧搾して油分を分離精製して得られたレモン油を 0.1～10wt％添加することで，加熱時における魚油の酸化を防止し，魚油自体に有する加熱臭気（魚臭）をマスキングするものである.

同じく魚臭マスキング例であるが，魚油を含むパン菓子製造用のショートニングやマーガリン等の加工油脂に適した精製魚油の異味異臭マスキングとして，5wt％の乳脂肪を含む油脂 1 部に，全脂粉乳 3 部，有機酸モノグリセリドと乳タンパク質との複合体 0.5 部，水を 7 部混合して，95℃で 60 分間加熱処理した後，冷却し，遠心分離して風味油脂を，精製マグロ油（DHA 含量 22％）に添加（例えば風味油脂：精製マグロ油 5wt％：95wt％）する方法がある[25]．

4.11　n-3 系脂肪酸含有油脂の劣化抑制

n-3 系脂肪酸は ω 3 系脂肪酸とも呼ばれ，脂肪酸末端の炭素から 3 番目の炭素に二重結合を有する多価不飽和脂肪酸（polyunsaturated fatty acid, PUFA）や，長鎖高度（多価）不飽和脂肪酸（long-chain polyunsaturated fatty acid, LCPUFA）の総称である．えごま（荏胡麻）油やあまに（亜麻仁）油に多く含まれる α-リノレン酸，魚油に多く含まれるエイコサペンタエン酸（eicosapentaenoic acid, EPA）やドコサヘキサエン酸（Docosahexaenoic acid, DHA）が挙げられる．n-3 系脂肪酸は消費者庁の栄養機能食品における栄養成分として指定されており，定められた 1 日当たりの摂取目安量に含まれる栄養成分量において「皮膚の健康維持を助ける栄養素」と表示ができる[26]．そして，EPA，DHA は特定保健用食品や機能性表示食品の関与成分として良く知られ，健康栄養面での機能性に注目されている油脂である．これらの各種 n-3 系脂肪酸を**図表 4.31** に示す.

文部科学省の食品成分データベース（https://fooddb.mext.go.jp/）に収載されているデータによると，えごまには脂質（油脂）が 43.4％含まれ，その脂質中の脂肪酸には α-リノレン酸が 61.3％の組成で含有している．そして，あまに油には脂質（油脂）が 43.3％含まれ，その脂質中の脂肪酸には α-リノレン酸が 59.5％の組成で含有している．一般的な油糧種子である大豆や菜種の種子にはそれぞれ，油脂が 20％，40％であるので，ちょうど菜種と同じくらいの含油

図表 4.31　各種 n-3 系脂肪酸

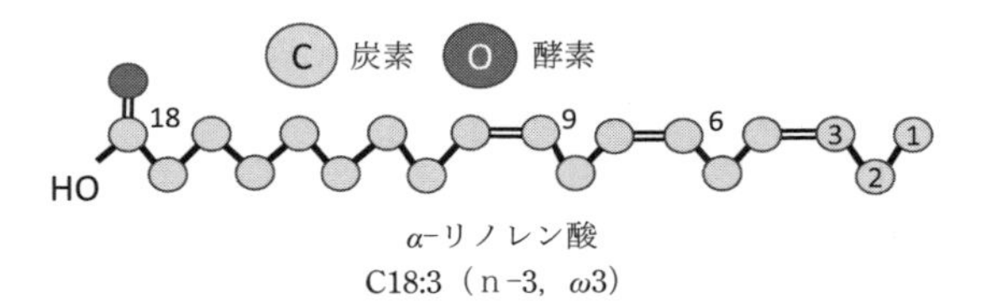

α-リノレン酸
C18:3（n-3，ω3）

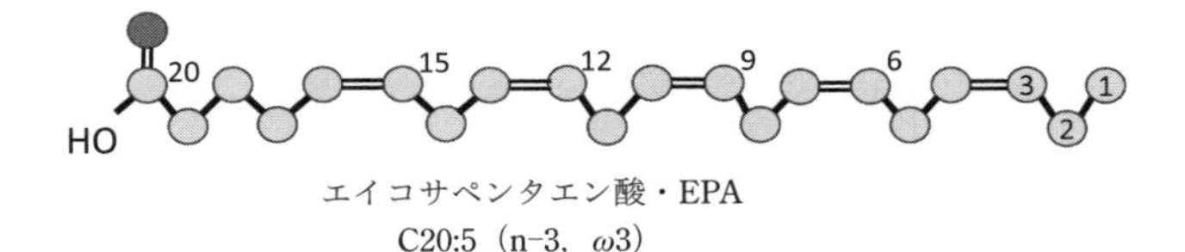

エイコサペンタエン酸・EPA
C20:5（n-3，ω3）

ドコサヘキサエン酸・DHA
C22:6（n-3，ω3）

分であるといえる．

一方，魚油について USDA（アメリカ農務省）の FoodData Central（https://fdc.nal.usda.gov/）に収載されているデータによると，魚油中（いわし）の脂肪酸には EPA が 10.1%，DHA が 10.7%，計 20.8%の組成で含有している．

α-リノレン酸は 18 個の炭素に 3 つの二重結合を有し（C18:3），エイコサペンタエン酸は 20 個の炭素に 5 つの二重結合，ドコサヘキサエン酸は 22 個の炭素に 6 つの二重結合を有する特徴から，酸化安定性が非常に劣る脂肪酸である．これらの脂肪酸を含む油脂は熱，光，酸素をいかに避け，さらに抗酸化剤などでどう酸化防止を図るかが取り扱う上で重要である．

4.11.1　共存脂肪酸による抑制例[27)]

ここでは魚油と配合する油種の選択によって，EPA や DHA の劣化の抑制例について述べる．概要としては，EPA，DHA 等の長鎖高度不飽和脂肪酸以外の酸化性の高い多価不飽和脂肪酸を一定量共存させ，EPA，DHA の劣化により発生する魚臭を抑制するというものである．具体的には，魚油に高酸化性油脂（比較的酸化しやすい油脂）としてコーン油やあまに油，またはその両方の油

図表 4.32 高酸化性油脂配合による魚臭抑制効果[28)]

高酸化性油脂		比較例(配合率 質量%)			実施例(配合率 質量%)			
		No. 1	No. 4	No. 5	No. 1	No. 2	No. 3	No. 4
精製高 DHA 含有油脂(魚油)		15	15	21	15	15	15	15
精製コーン油		—	63.75	—	74.38	85	74.38	74.38
精製あまに油		85	21.25	—	10.63	—	10.63	10.63
精製ハイオレイック紅花油		—	—	15.8	—	—	—	—
精製紅花油		—	—	59.25	—	—	—	—
茶抽出物(抗酸化剤)		—	—	—	—	—	0.1	—
ローズマリー抽出物(抗酸化剤)		—	—	—	—	—	—	0.01
魚臭官能評価								
保存期間日数(60℃開放系保存)	0日	◎	◎	◎	◎	◎	◎	◎
	2日	○	◎	△	◎	◎	◎	◎
	4日	△	○	×	◎	◎	◎	◎
	6日	△	△	××	○	○	○	◎
	8日	×	△	××	○	○	○	○
	10日	×	△	××	○	○	○	○

魚臭官能評価 ◎:ほぼ無臭 ○:僅かに魚臭 △:明らかに魚臭 ×:強い変敗臭
××:刺激臭・食用不適

脂を任意の量で配合することにより,劣化を長期間防ぐと共に,一般の調理にも問題なく用いることができる例である.**図表 4.32** にその高酸化性油脂配合による魚臭の抑制効果を示す.

この表中の比較例では,DHA 含有油脂と配合する油脂が酸化性の低い(酸化しにくい)ハイオレイック紅花油と,紅花油を配合した油脂,および高度に酸化性の高い(非常に酸化しやすい)あまに油を多く配合した油脂の場合は,期待できる効果は得られないが,同表中の実施例では,コーン油を高配合としてレシピを組み立てることにより,その効果を得ることが示されている.この場合,具体的には長鎖高度不飽和脂肪酸1重量部に対し,オレイン酸3〜9重量部,リノール酸5〜15重量部,およびリノレン酸0.1〜1.5重量部の脂肪酸組成比率に調製することで,EPAやDHAの劣化により発生する魚臭を抑制することができ,さらに抗酸化剤の添加によってその効果を増強できることがわかる.

4.11.2 抗酸化剤とその相乗効果による抑制例

抗酸化剤とその相乗効果による魚油の酸化抑制例は種々提案されている．その中からの例を解説する．

レシチンやリン脂質の組成物であるホスファチジルエタノールアミン（PE），ホスファチジルセリン（PS）とトコフェロールを添加することにより，えごま油（α-リノレン酸組成57%）や魚油（EPA・DHA合計組成15%）の酸化を抑制する例である[29]．その効果を**図表4.33，4.34**に示す．

この試験は，ミックストコフェロール（δ-トコフェロール組成95.7%）500 ppm添加油をコントロールとして，トコフェロール500 ppmと各種リン脂質500 ppmを添加した「えごま油」と「魚油」を，それぞれ20 gを50 mL容ビーカーに取り，37±1℃の恒温槽中で保存したもので，5日毎にビーカーを取り出し，過酸化物価（POV）とカルボニル価（COV）の経時変化を分析したものである．

大豆レシチンや卵黄レシチンでも効果を有するが，ホスファチジルエタノールアミン（PE）やホスファチジルセリン（PS）と，トコフェロールの酸化抑制における相乗効果が高いことがわかる．一方で，ホスファチジルコリン（PC）を添加した場合には，その効果がほぼ認められないことが示されている．

他方で，ミックストコフェロール，L-アスコルビン酸パルミテート，没食子酸プロピルの組み合わせによる魚油の酸化抑制例が報告されている[30]．**図表4.35**はEPA・DHAの合計が24.9%である精製魚油に，γ-，δ-の含量が多いミックストコフェロール（組成：γ-40.9%，δ-45.6%）を無添加，0.1%，0.2%添加し，さらに各種抗酸化剤を100 ppmとなるように添加，調製した試料の5℃，70日保存したオーブン試験結果であり，過酸化物価（POV）とカルボニル価（COV）で評価したものである．

この図表より，ミックストコフェロールのみの添加でも，無添加と比較すると抗酸化効果が認められるが，最も抗酸化効果を発揮されるのはTBHQ，もしくはミックストコフェロールとTBHQの組み合わせである．しかし，TBHQは日本では食品添加物として認められていないので使用することはできない．TBHQ以外の抗酸化剤の組み合わせとして，ミックストコフェロールと没食子酸プロピルの組み合わせ，ミックストコフェロールとL-アスコルビン酸パルミテートとの組み合わせにも，魚油に対する抗酸化効果が認められる．最も抗酸化効果を発揮しているのはミックストコフェロール，L-アス

図表 4.33　えごま油での各種添加系の過酸化物価（左図）とカルボニル価（右図）経時変化[31]

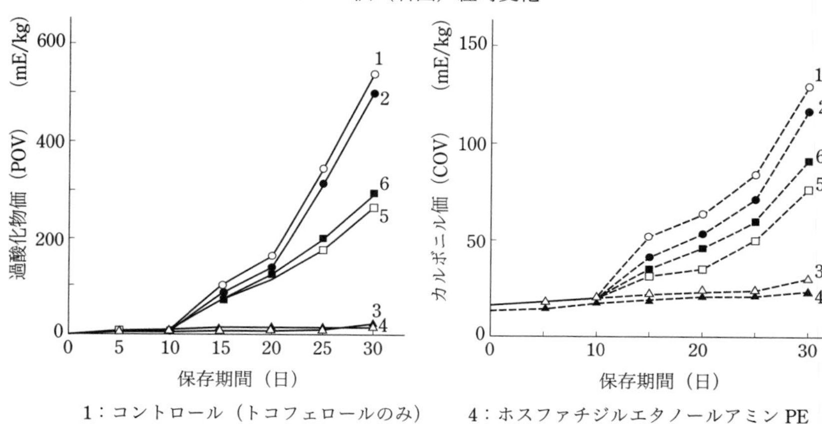

1：コントロール（トコフェロールのみ）
2：ホスファチジルコリン PC
3：ホスファチジルセリン PS
4：ホスファチジルエタノールアミン PE
5：大豆レシチン
6：卵黄レシチン

特開平 2-208390 第 1 図，第 2 図[37]

図表 4.34　魚油での各種添加系の過酸化物価とカルボニル価経時変化[32]

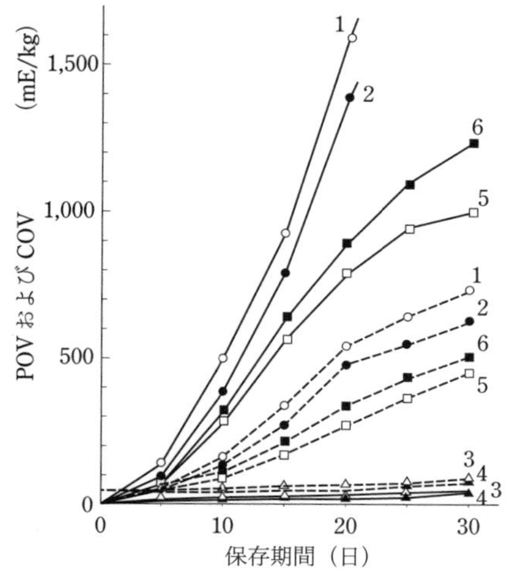

1：コントロール（トコフェロールのみ）
2：ホスファチジルコリン PC
3：ホスファチジルセリン PS
4：ホスファチジルエタノールアミン PE
5：大豆レシチン
6：卵黄レシチン

——：POV
- - - -：COV

図表 4.35 各種抗酸化剤の組み合わせによる魚油酸化抑制効果[33]

Antioxidant added		POV			COV		
Others (ppm)	m-Toc (%)	0	0.1	0.2	0	0.1	0.2
	0	210	80.2	72.2	22.0	15.2	15.8
BHT	100	58.7	57.6	58.4	13.1	13.0	14.7
PG	100	29.5	29.6	33.5	11.4	12.0	13.7
AP	100	57.7	37.7	30.4	12.0	11.9	12.0
AP 100 + PG	100	21.5	16.0	15.1	11.4	8.8	8.3
TBHQ	100	13.6	12.7	12.0	7.6	7.6	7.6

抗酸化剤 m-Toc ：ミックストコフェロール
BHT ：Dibutylhydroxytoluene
PG ：没食子酸プロピル
AP ：L-アスコルビン酸パルミテート
TBHQ ：t-Butylhydroquinone

青山稔ら「魚油の酸化安定性に対する数種の酸化防止剤の効果」日本油化学会誌 第42巻 第9号（1993）

コルビン酸パルミテート，没食子酸プロピルの3種の組み合わせであって，TBHQの魚油に対する抗酸化性と近似した効果が示されている．

その他の抗酸化剤を利用した酸化抑制例として，抗酸化作用を有するゴマ種子抽出物を添加する方法[34]などがある．

4.11.3 フラボノイド系抗酸化成分による抑制例[35]

魚一夜干しの魚臭成分は，多くが内在脂質の酸化に由来し，製造工程や製品保存中に酸化が進行し，魚臭として認識される．その魚臭を抑制する手段として，製造初期の塩漬け工程において，抗酸化性を有する食品副産物の豆乳から木綿豆腐を製造する際に生じる上澄液で，フラボノイド等の抗酸化成分を含むことが知られている，「ゆ」を用いて抗酸化処理を行った例が報告されている．

方法としてはマサバを用い，浸漬液としてコントロールの食塩（3%）のみ，「ゆ」原液に食塩3%，「ゆ」原液を水道水で2倍および4倍に希釈し，食塩3%となるように加えたもので加工した．得られた一夜干しの臭気をGC-MS法で測定し評価を行った結果を**図表 4.36** に示す．

脂質酸化由来臭気成分である1-Octen-3-ol，5-Octa-1,5-dien-3-ol，2-

図表 4.36 「ゆ」による抗酸化処理がマサバ一夜干しの魚臭臭気成分にあたえる影響 (GC-MS 法分析)[36)]

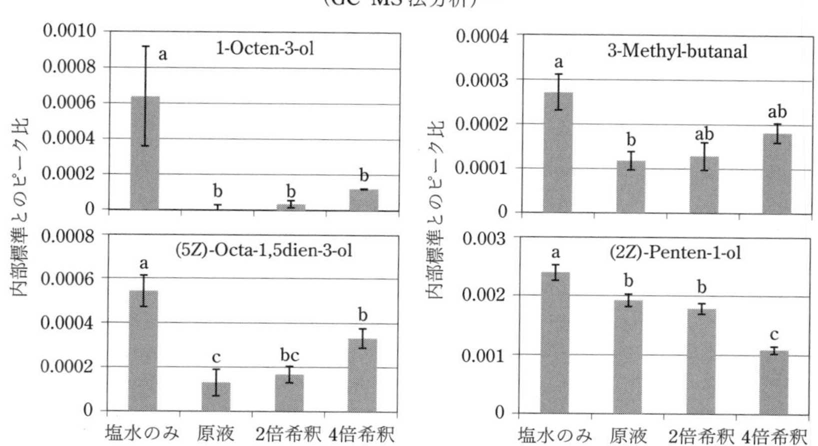

Tukey-Krammer の HSD 検定により，アルファベットに重なりの無い水準間には有意水準 1%で有意差があることを示す.
吉川修司ら「一夜干しのにおい成分の解析及び抑制技術の開発」北海道立総合研究機構 食品加工研究センター 研究報告 No.13 (2018)

penten-1-ol では，コントロールの食塩のみよりも，いずれも内部標準とのピーク比で少ないことが確認され，鮮度低下臭気成分である 3-Methyl-butanal も同様であることが示されている．また，同時に実際の官能評価においても魚臭の低減効果が認められ，魚臭さの少ない一夜干しとして商品価値アップにつなげている．

4.11.4 酸素接触機会の低減

油脂表面の酸素との接触に加え，油脂中に溶存する酸素を極力低減することが重要である．油脂の溶存酸素量について，戸谷らの報告によれば 0℃，1 atm におけるキャノーラ油の飽和溶存酸素量は 24.3 mL/l-oil で 2.4 vol%であると述べている．また，室温において，保存 3 日で飽和溶存酸素量を 100%とした相対酸素含有率が 80%を超え，その後 18 日間その高いレベルを維持したことが示されている[37)]．一方で，エイコサペンタエン酸（EPA）およびドコサヘキサエン酸（DHA）の酸素吸収量について，藤本の報告では，それぞれの脂肪酸のエチルエステルを調製し，5℃に保存したときの酸化の進行を酸素吸収により測定している．その結果，DHAおよびEPAエチルエステルは約2日の誘導期の後に急速に酸素を吸収し，その速度はリノレン酸エチルの，それぞれ5.2および8.5倍であったと述べている．さらに，魚油（いわし油）の40℃における酸素吸収量について，誘導期間の保存6日では酸素吸収量が約3 mL/gであったが，その後は急速に酸素吸収が促進し，7日で酸素吸収量が約11 mL/g，8日で約19 mL/g，9日では約23 mL/gであったことが示されている[38]．

このように油脂自体にも酸素の溶存があり，n–3系脂肪酸含有油脂は特に酸素を吸収しやすい性質を有することがわかる．現実的な油中溶存酸素の低減の方法としては，窒素など不活性ガスの接触・吹き込み（バブリング）による置換や，減圧下における脱気に続く不活性ガスの接触や吹き込みが基本となる．

一方で，包装容器内の酸素の管理も重要なポイントとして挙げられる．包装容器内のヘッドスペースに酸素が内在していると酸化が進むので，ヘッドスペースを窒素などの不活性ガスで満たす，または酸素を除去することが必要になってくる．

ヘッドスペース内の酸素を除去する方法の1つとして，脱酸素剤の使用がある．脱酸素剤の効果として，脂肪酸組成がEPA・DHA合計で22.9％含有する精製魚油をヘッドスペースができるように酸素透過性が低いプラスチックフィルムに入れ，脱酸素剤をヘッドスペースに設置し密封したもの，および設置せずに密封したものの保存試験結果を**図表4.37**に示す．この試験例では脱酸素剤として，三菱ガス化学株式会社製の鉄系脱酸素剤エージレス（Z–50・酸素吸収量50mL/1袋）を使用し，過酸化物価を評価指標として約3ヵ月間（85日間）室温での保存における自動酸化に与える影響を示している．

図表4.37 精製魚油のプラスチックフィルム包装における脱酸素剤の効果[21]

大豆白絞油（50 mL） ヘッドスペース（92 mL）			
脱酸素剤設置位置		ヘッドスペース 脱酸素剤あり	脱酸素剤なし
保存温度		室温	
過酸化物価（meq/kg）	0日保存	1.1	1.1
	85日保存	0.4	24.6

市川和昭ら「脱酸素剤による食用油の保存性向上（第2報）」日本油化学会誌 第45巻 第9号（1996）

図表の結果において，密封プラスチックフィルムのヘッドスペースの脱酸素剤を設置した保存魚油の過酸化物価の上昇は認められず，他方の脱酸素剤を設置しなかった保存魚油では過酸化物価が1.1 meq/kgから24.6 meq/kgと大幅な上昇が認められる．このように，ヘッドスペース内の酸素を除去することは，n-3系脂肪酸含有油脂の酸化・劣化にも有効であり，n-3系油脂を含有する油脂食品においても同様である．繰り返しになるが，脱酸素剤の利用を検討する場合は，各種の脱酸素剤を用いて保存試験などを行い，適切な使用方法，対象食品への効果やライン適正を考慮したうえで選択することが望ましい．

4.11.5 劣化抑制への総合的対応策

酸化劣化のしやすいn-3系油脂への対応策を次にまとめる．

① 抗酸化剤の活用

γ, δ-トコフェロール，リン脂質，アスコルビン酸，ローズマリー抽出物などの単独添加，または複合添加による相乗効果を利用する．

② 調理過程で生じる抗酸化成分や抗酸化成分を含む原材料の活用

調理過程で生じたメラノイジンや，フラボノイド系，香辛料系などの抗酸化成分を含む原材料使用による効果を利用する．

③ 配合油種と配合量

焙煎ごま油などの抗酸化が期待できる油脂を活用する．

④ 油脂中の溶存酸素量の低減

製造中，保管中での酸素との接触を極力回避し，減圧，または窒素ガスなどの不活性ガス置換や，ヘッドスペースの脱酸素剤の使用などにより，可能な限り脱酸素化を図る．

⑤ 包装材の選択

光，空気，熱を遮断可能な容器を選択することが重要である．プラスチック容器の場合，容器（素材）の酸素透過性（気体透過性）を確認し，保存試験で有効性を調査した上で選択する．また，デラミボトルなどのヘッドスペースの少ない容器を選定することが好ましい．

⑥ 低温保管・貯蔵

容器開封後などの場合，冷蔵庫などの低温暗所で保存を必須とするべきである．未精製油脂の場合，低温環境下で析出・沈殿が発生する場合があるので注意する．

これだけを対策すると効果があるというようなことではなく，複数の手段による総合的な抗酸化対策が必要である．そして，抗酸化技術を試み，導入しようとする場合は必ず保存試験などによって効果を検証してから導入することが大切である．

引用・参考文献

1) 鈴木修武「大量調理における食用油の使い方」幸書房 (2010) p31
2) 水野和久「油脂の劣化防止技術と製品への応用」月刊フードケミカル 28 巻 , 9 号 (2012) p28
3) 水野和久「油脂の劣化防止技術と製品への応用」月刊フードケミカル 28 巻 , 9 号 (2012) p29
4) 株式会社コマツ製作所提供写真
食用油ろ過機 Y-4D http://www.komatsufilter.co.jp/lineup_y4.html
5) 鈴木修武「大量調理における食用油の使い方」幸書房 (2010) p23
公益財団法人日本油脂検査協会資料 (1984)
6) 鈴木修武「大量調理における食用油の使い方」幸書房 (2010) p63-65
7) 北川和男ら「フライヤーの各加熱方式がフライ油の劣化に及ぼす影響」日本油化学会誌 , 第 41 巻 , 第 10 号 (1992) p1071-1076
8) 厚生労働省「大量調理施設衛生管理マニュアル」（最終改正：平成 29 年 6 月 16 日付け生食発 0616 第 1 号） 1. 揚げ物
9) 海老原善隆「熱帯植物油脂の性質と利用」熱帯農業 35 (3) (1991), p242
10) M. Kellens et al. “Dry fraction of palm oil” Eur. J. Lipid Sci. Technol. 109 (2007) p343
11) 市川和昭ら「パーム油の加熱安定性の評価」名古屋文理大学紀要 第 14 号 , p137 (2014)
12) J. KURIYAMA et al. “Effect of Polyglycerol Fatty Acid Esters on Resistance to Crystallization of Palm Olein” J. leo Sci., Vol. 50, No.10 (2001) p831-838
13) カルビー株式会社ホームページ「ポテトチップス製法の謎を探れ」（2020 年 3 月現在，掲載されておりません．）
14) 太田静行「油脂食品の劣化とその防止」幸書房 (1977) p136
15) 太田静行「油脂食品の劣化とその防止」幸書房 (1977) p134
16) 中谷延二ら「食品中のポリフェノールの抗酸化活性」日本農芸化学会誌 , 69 巻 , 9 号 , p1189 (1995)
17) 湯木悦二「フライ油の問題点とその対策」日本油化学会誌 , 第 28 巻 , 第 10 号 (1979) p736
18) 湯木悦二「フライ油の問題点とその対策」日本油化学会誌 , 第 28 巻 , 第 10 号 (1979) p733
19) 八幡美保ら「フライ油におけるポリジメチルシロキサンの抗酸化効果」オレオサイエンス 第 19 巻第 3 号（2019）p93-101
20) 土屋博隆ら「油脂の酸化劣化に関与する光波長と包装材の遮光性について」日本包装学会誌 Vol.5, No,4 (1996) p259-266
21) 市川和昭ら「脱酸素剤による食用油の保存性向上（第 2 報）」日本油化学会誌 第 45 巻 第 9 号（1996）p875-893
22) 太田静行ら「フライ食品の理論と実際」幸書房 (1994) p119-120
23) 特許公開 2011-55750 公報「米飯類の製造方法」

24) 特許公開平 8-275728 公報「DHA 油を主成分とする食用油」
25) 特許公開 2004-137420 公報「魚油臭のマスキング方法」
26) 消費者庁ホームページ「栄養機能食品とは」https://www.caa.go.jp/policies/policy/food_labeling/health_promotion/pdf/health_promotion_170606_0001.pdf（ダウンロード：2019.3.12）
27) 特許 3884465 公報「長鎖高度不飽和脂肪酸を含む抗酸化油脂組成物」
28) 特許 3884465 公報「長鎖高度不飽和脂肪酸を含む抗酸化油脂組成物」明細書【表 1】【表 2】【表 3】【表 4】を基に作成
29) 特許公開平 2-208390 公報「抗酸化剤組成物」
30) 青山稔ら「魚油の酸化安定性に対する数種の酸化防止剤の効果」日本油化学会誌 第 43 巻 第 2 号（1994）p680-684
31) 特許公開公報・特開平 2-208390「抗酸化剤組成物」第 1 図 , 第 2 図
32) 特許公開公報・特開平 2-208390「抗酸化剤組成物」第 4 図
33) 青山稔ら「魚油の酸化安定性に対する数種の酸化防止剤の効果」日本油化学会誌 第 42 巻 第 9 号（1993）p682
34) 青山稔ら「魚油の酸化安定性に対するゴマ種子抽出物の効果」日本油化学会誌 第 42 巻 第 9 号（1993）p154-157
35) 吉川修司ら「一夜干しのにおい成分の解析及び抑制技術の開発」北海道立総合研究機構 食品加工研究センター 研究報告　No.13 (2018)
36) 吉川修司ら「一夜干しのにおい成分の解析及び抑制技術の開発」北海道立総合研究機構 食品加工研究センター 研究報告　No.13 (2018) p7
37) Nagao Totani et al. “A Study on the Effect of Polydimethylsiloxane from the Viewpoint of Oxygen Content in Oil” J.Oleo Sci. 63, (10)987-994(2014)
38) 藤本健四郎「油脂および油脂食品の酸化的劣化とその評価法に関する研究」日本油化学会誌 第 46 巻 第 3 号（1993）p246-343

第5章　食用油脂分野の注目すべき動向

本章では食用油脂分野における劣化防止技術の研究開発の動向，そしてその将来の方向性と，食用油脂分野で知っておくべき，または注目すべき国内外のトピックについて述べる．

5.1　劣化抑制に関する技術動向

5.1.1　特許情報分析による油脂劣化防止技術動向

劣化抑制に関する技術動向を調査する目的として，特許情報を利用し分析する方法が一つの有効な手段である．**図表 5.1** に酸化防止を目的とした特許出願・特許のＦタームで見た2000年から2017年の時系列マップを示す．

Ｆタームとは日本の特許庁固有の技術分類で，種々の技術観点である目的，用途，構造，材料，製法，制御手段などから細かく分類されており，特許出願時に複数付与される記号である．この付与されたＦターム記号を調べると，どのような技術の特許であるのかがわかる．また，この図表は各年の出願日基準の出現度の高いＦタームを抽出し，件数をバブルチャートで表現しマップ化した図であり，出現したＦタームのトレンドを把握することもできる．

この図からわかることは，酸化防止目的に関する技術において2012年頃からの出願が増えていること，Ｆタームの「魚油・魚肝油，パーム油，ナタネ油」の出願が伸びてきていること，また，同じくＦタームの「有機化合物」も増加している特徴がみられている．これは，後述するが最近のn-3系油脂ブームに連動した「魚油・魚肝油」の動きであると考察され，「パーム油，ナタネ油」についてはフライ油に代表される油種でもあることから，これらフライ油の酸化・劣化抑制に関する技術を，「有機化合物」に分類される酸化防止剤で対応しようという表れと推察できる．

さらに，主に酸化防止剤である有機物を添加する特許文献を収集し，その文献のタイトル，要約，および特許請求の範囲（請求項）に記載されているキー

図表 5.1 酸化防止を目的とした特許出願・特許の F ターム 2000–2017 年の時系列マップ

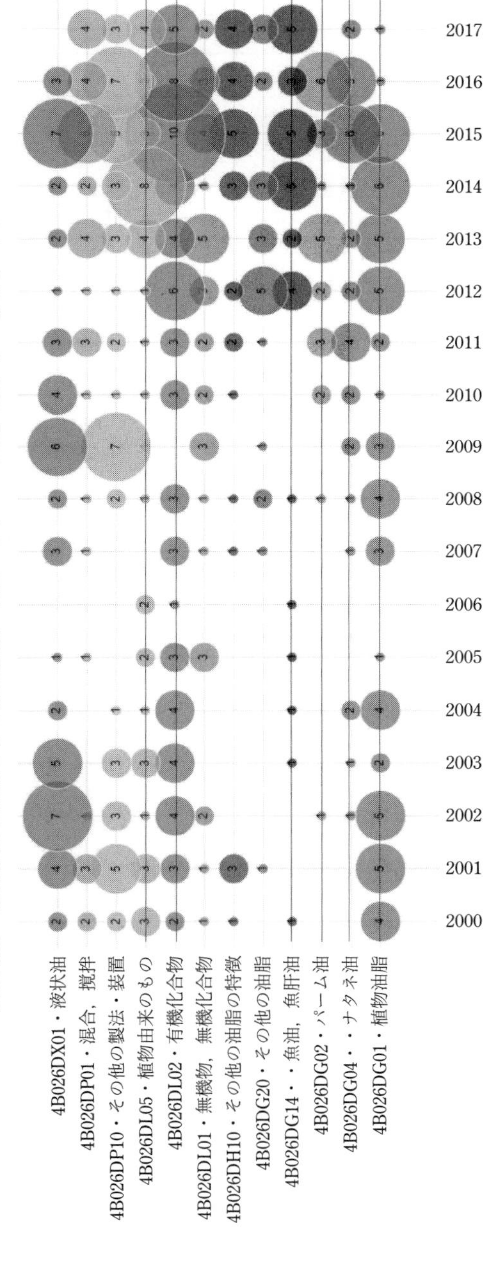

データベース・特許情報分析ソフト Patentfield

母集団検索式：（A23D/FI or C11B/FI）and 4B026DC04/FT and 出願日：2000 年〜 and 生存分 = 179 件

図表 5.2　食用油脂の酸化防止剤添加特許文献の関連キーワード比較

2000-2009 年関連キーワード（タイトル / 要約 / 請求の範囲より）	2010-2017 年関連キーワード（タイトル / 要約 / 請求の範囲より）
トコフェロール	**トコフェロール**
アスコルビン酸およびその誘導体	**レシチン / リン脂質**
ローズマリー抽出物 / ローズマリー	**乳化剤 / ポリグリセリン脂肪酸エステル**
脂肪酸エステル / クエン酸エステル	**アスコルビン酸およびその誘導体**
茶	**ローズマリー抽出物**
クエン酸	カテキン
レシチン	ビタミン
ルチン	カルノシン酸
ポリフェノール	ポリフェノール
リン酸	カロテン
ヤマモモ	ケルセチン

データベース・特許情報分析ソフト：Patentfield
母集団検索式：(4B026DC04/FT and 4B026DL02/FT) and 出願日：2000 年～ and 生存分 = 85 件

ワードをテキストマイニング法にて抽出し，分析した結果を**図表 5.2** に示す．この図は，抽出されたキーワードを出願日が 2000～2009 年と，2010～2017 年の抽出キーワードを，出現率の高いものから上位に並べ，過去と比較的最近の使用される酸化防止剤の変化を調べたものである．

この図表より，過去 2000～2009 年と，比較的最近の 2010～2017 年の比較で，使用される酸化防止剤の種類について，上位 4，5 種に大きな変化はなく，共通しているのはトコフェロールが最も多く使用されると認められる．これら上位 4，5 種であるトコフェロール，リン脂質（レシチン），アスコルビン酸（誘導体），ローズマリー抽出物や乳化剤のそれぞれ単品か組み合わせ，トコフェロールとの組み合わせにより酸化抑制を図る技術で構成されているものと推察できる．

特許文献の具体例を挙げると，2010 年 3 月に出願された，食用油脂にリン分を 0.1～10 ppm，アスコルビン酸及び / 又はアスコルビン酸誘導体をアスコルビン酸当量として 2～130 ppm 以下含有させることにより，加熱着色，加熱臭，および酸価上昇の抑制された油脂組成物が開示されている[1]．

また，2000 年 6 月に出願された，ジグリセリド（DG）が 15 重量％含有する油脂に，L-アスコルビン酸脂肪酸エステル 0.01～0.05 重量％と，カテキン 0.008～0.08 重量％，ローズマリー抽出物 200～5000 ppm，セージ抽出物 200～

5000 ppm，およびターメリック抽出物 50～1000 ppm から選ばれる成分を含有する酸化安定性，風味や外観に優れる油脂組成物が開示されている[2]．

5.1.2　論文・トレンドからみる，食用油脂劣化に関する動向

2000～2019 年にかけての食用油脂劣化に関する技術動向をデータベース J-GLOBAL（科学技術振興機構，https://jglobal.jst.go.jp/）で調査した．使用したキーワードは「食用油 and 劣化」で，このキーワードを有する投稿された論文数を経時的に表したものを**図表 5.3** に示す．

この図表より，2013 年から論文数が増加していることがわかる．これは前述した特許情報分析の結果と概ね一致しており，近年では食用油脂の劣化に関する研究や技術開発が活発に行われていることを示している．そこで，Google™ が提供している Google Trends（https://trends.google.co.jp/trends/?geo=JP）で食用油脂に関するトレンドの調査を試みた．Google Trends は時系列の指定キーワードの検索数を調べることができ，指定キーワードの検索数を把握することでそのトレンドを調査できるツールである．

論文に含まれているキーワードを参考に種々のキーワードを使用し試したところ，「えごま油」と「亜麻仁油」（あまに油）の 2 キーワードに特徴的な傾向が見られた．その傾向を**図表 5.4** に示す．

図表 5.3　食用油脂劣化関連論文投稿数推移

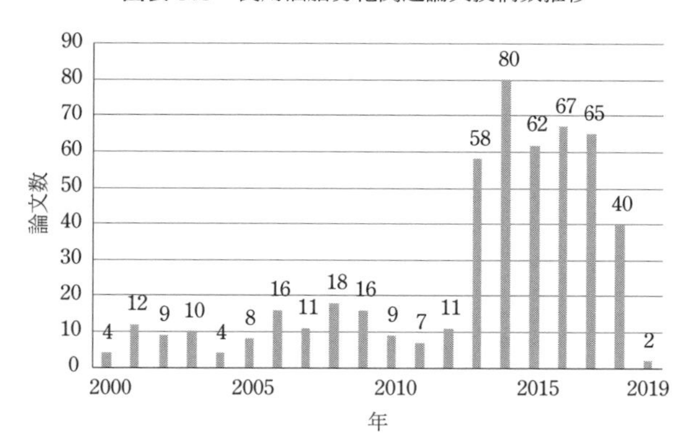

J-GLOBAL（科学技術振興機構）による「食用油 and 劣化」キーワードでの論文検索結果
調査日：2019.4.3

図表 5.4　キーワード「えごま油」「あまに油」年次検索数推移

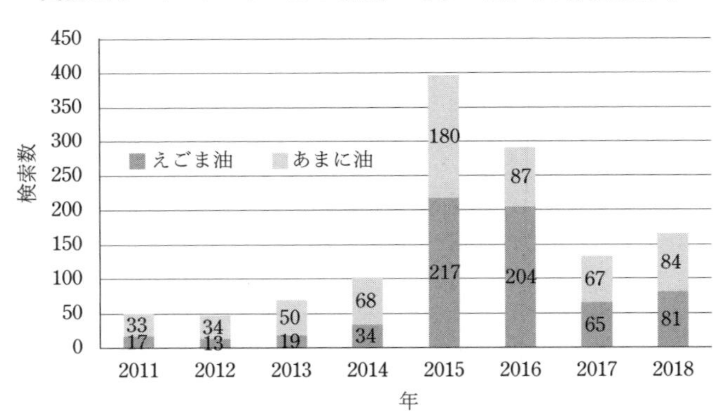

Google Trends による「えごま油とあまに油」のキーワード検索数
調査日：2019.4.5

このように，2013年から検索キーワードとして増加していることがわかる．このことは，最近のn-3系油脂（オメガ3油脂）の人気を表すものといえ，n-3系油脂が抱える課題である酸化・劣化のしやすさについて，技術的なアプローチが必要となり，論文数に反映しているように，油の劣化防止，評価方法などの技術的研究が促進されたものと推定することができる．

5.1.3　注目すべき酸化・劣化知見と抑制技術研究例

加熱劣化臭についての注目すべき知見について述べる．フライ調理や炒め調理など，長時間にわたり加熱調理をしている場合に起こる「油酔い」の原因であるアクロレインは，従来，トリアシルグリセロールのグリセロール骨格が原因とされていたが，各種油種および各種脂肪酸メチルで検討した結果，高度不飽和脂肪酸，とりわけα-リノレン酸から生成することが明らかになった．この知見は調理現場の改善や品質改善に繋がることが期待できる[3)]．

一方，自動酸化や光酸化の抑制で注目されるのが，油脂のマイクロカプセル化である．このマイクロカプセル技術に関する技術論文数の年次推移を**図表 5.5**に示す．

この図表はデータベースJ-GLOBAL（科学技術振興機構，https://jglobal.jst.go.jp/）で，キーワードを「食品 and 油脂 and マイクロカプセル」として検索（検索日：2020年2月13日）し，論文ヒット件数が622件であったものを年次推移で

図表 5.5　食品×油脂×マイクロカプセル文献（論文）数年次推移

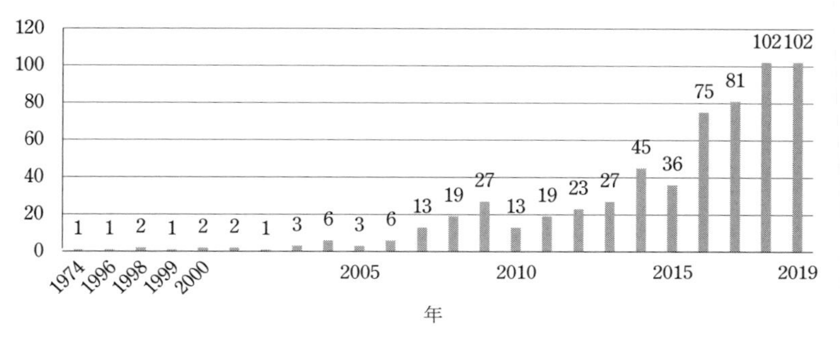

J-GLOBAL（JST 科学技術振興機構）

表した．概ね 2006 年から論文数が増加し，2018 年，2019 年にはそれぞれ 102 件と，研究開発が活発になっていることがわかる．

油脂はマイクロカプセル化によって，酸素と光から遮断できるため，酸化・劣化を抑制できるところにある．エビの頭胸部から抽出した油をカゼインナトリウム，魚ゼラチンおよびグルコースシロップと混合し，その乳化物を噴霧乾燥することにより，エビ油を 18% 含有するマイクロカプセル化エビ油を作製した例がある．このマイクロカプセル化エビ油でビスケットを製造し保存試験を行ったところ，6% までの添加量ではコントロール（無添加）と嗜好性に差はなく，12 日間の光照射により過酸化物価が増加と若干の脂肪酸が減少したが，EPA，DHA およびアスタキサンチン含量に変化はなかった．また，α-リノレン酸の酸化もカプセル化で抑制できたことが報告されている[4)]．

このように，酸化・劣化を抑制する技術は，油脂食品の品質，とりわけ風味に大きな影響を与え，油脂の栄養学的効果を維持することに重要な役割を果たしている．このような新たな技術の取入れは，商品価値の向上に寄与すると考える．

5.2　油脂のおいしさ[5,6)]

油脂を多く含む食品と，少ない食品ではどちらがおいしく感じるのであろうか．油脂が多い食品がおいしいと感じるのは経験的に知られている．例えば鶏肉でいえば，ささ身とモモ肉ではささ身が油脂が少ない鶏肉である．この二種の鶏肉を食すと，ささ身はあっさりして，何か物足りなさを感じることがあるかもしれない．逆にモモ肉は焼いた際には，脂がしたたり落ちるくらいに油脂を含み，おいしさを特に感じると思われる．このように，個人差はあるものの，油脂を含む食品がおいしいのは周知のことである．ではなぜ油脂を含んでいると「おいしい」と感じるのであろうか．

「甘味，塩味，酸味，苦味，うま味」の5味が基本味としてよく知られている．これら基本味は次に提唱されている定義を満たしているため，基本5原味として認知されている．

1. 生態系への影響がある
2. 独特の種類の化学物質によっておこる
3. 特殊な受容体の活性化に由来する
4. 味覚神経を通じて検出され，味覚中枢で処理される
5. 他の基本味と重ならない味質をもつ
6. 行動や生理的反応を引きおこす

油脂の味がこの基本味に含まれないのは，5番目の他の基本味と重ならない味質をもつことの証明が十分でないという点にあった．それは，油脂の味質がうま味のそれと一部重なっていたことに由来する．

油脂は唾液に含まれるリパーゼによりトリグリセライドから脂肪酸が遊離し，舌に存在する味細胞とその信号により味が認知されるが，遊離した脂肪酸は受容体，トランスポーターによって味細胞と，それにつながる神経によって脳に伝えられる．これまでの研究により，その受容体として甘味，苦味，うま味の受容体と同じく，Gタンパク質結合型受容体であるGPR120が見出されている．このGPR120は油脂の味覚感知に関与することが示唆され，他方で，脂肪酸結合タンパク質であるトランスポーターCD36が存在し，これが味細胞に特異的に発現することが示され，脂肪酸の口腔内での感知に関与することが示唆されている．

これらは，げっ歯類での試験においてであるが，ヒトにおいても油脂を味として感知することに関する研究が進められている．脂肪酸を含んだ溶液を味として感じることができるか否かの官能評価において，個人差が見られるものの，被験者全員が「油脂の味」として感知したという試験結果が報告されている．これらの結果から油脂が5原味に続く「第6の基本味」ではないかと現在，議論されているのである．

一方で，脂肪酸は他の味に影響することが知られている．例えば，マウスの味覚神経の応答と行動学的解析手法から，リノール酸がグルタミン酸ナトリウム（MSG）の味覚受容を増強する作用があることが報告されている．また，ヒトでの研究例としては，マグロから抽出した油，および魚油に多く含まれるDHAはうま味強度を増し，酸味と苦みを抑制することが報告されている．

さらに，長鎖脂肪酸を豊富に含む餌を口に入れたラットでは，小腸上部から内因性カンナビノイドが分泌され，迷走神経を介して脳に伝わり，快感物質ドーパミンが分泌され，油脂を好んで食べるという報告がある．

私たちが感覚的に油脂がおいしいと感じていることが，これらの研究成果によって科学的に明らかになりつつある．

5.3　持続可能なパーム油のための円卓会議（RSPO）[7, 8]と環境にやさしいパーム栽培への取り組み事例

パーム油の需要が増大するにつれ，急速に農地拡大が進み，そのマイナス要因が徐々に表面化してきた．

急速な大規模プランテーション（農園）開発が進み，マレーシアでは1990年の170万haから2005年には362万haと約2倍に拡大した．インドネシアでも1990年の110万haから2005年には365万haと約3倍の拡大である．

これらによって森林伐採による生物多様性の低下が避けられず，具体的には森林消失による生物資源の喪失，オラウータン，ボルネオゾウ，スマトラトラなどの動物と人との軋轢の増加に伴う，農作物被害や生息域の減少という問題が生じてきた．また，プランテーションや工場操業による環境汚染に加え，搾油，精製，加工における廃水，残渣による水質汚染問題，農薬，肥料の使用による環境汚染や健康問題，地元住民や先住民の権利侵害，労働問題，低賃金，児童労働，不法就労など，これらの問題が次第に浮き彫りになり，パーム油は食用油脂として「恒久的に利用・持続可能であるのか」という疑問や，マレーシアとインドネシアにおけるパーム農園の急速な拡大による環境への影響を懸念する声が世界的に高まった．

そこで，これらの課題解決のために産地や世界が実行したのが「Roundtable on Sustainable Palm Oil（持続可能なパーム油のための円卓会議）」の設立である．その頭文字を取って「RSPO」と呼ばれている．

本部はスイス・チューリッヒに置かれ，パーム油の供給関係者の協調と，ステークホルダー（商社，食品メーカー，消費材メーカー等）との対話により持続可能なパーム油の成長と消費を促進することを目的としている．2004年に設立され2017年6月時点で会員数は世界89ヵ国に及ぶ3,422の企業・団体からなる．農園業者，加工・流通業者，金融，環境団体，NGOなどの会員で構成される大きな組織で，日本企業・団体は2019年8月末時点で会員・準会員含め157の企業が加盟している．

RSPO加盟農園・生産企業は，持続可能なパーム油生産のための次の8つの原則と，43の基準に合致した運営をしている．

1. 透明性の確保
2. 関係法令の遵守
3. 長期的な経済面・財務面の実行性の確保
4. 農園と搾油過程での最良技術の使用
5. 環境への責任，資源と生物多様性の保全
6. 従業員と地域住民への責任のある配慮
7. 新規プランテーションの責任のある開発
8. 主要な活動地域・分野での継続的な改善

RSPOに加盟し，この8原則43基準に沿った運営をすることで，持続可能なパーム油開発を実現し，その証としてRSPO認証を与えられる．そしてその農園・生産企業から製造されるパーム油は「認証パーム油」と呼ばれている．

パーム油を取り扱うRSPO会員企業は，この認証パーム油“のみ”を取り扱うこと，非認証のパーム油と混合されることなく取引することで，持続可能なパーム油開発に貢献すると共に，2015年9月の国連サミットで採択されたSDGs（持続可能な開発目標・Sustainable Development Goals）にも貢献（目標12・15など）することができる．

パーム油生産の現場では，無計画でむやみな開発と決別し，自然環境，現地の人々などと調和し，計画的で持続可能な開発と生産に向けて取り組みを進めている．

具体的な環境にやさしいパーム油栽培への取り組みの一例を述べる．パームツリーを枯らしてしまう害虫の対策，パームフルーツ（実）のネズミの食害対策として，農薬などの薬剤を使用することで土壌汚染などの問題が生じ

てくる．これらの課題を解決するため，マレーシア半島の西海岸に位置するSelangor州のKuala Langat地区にある島，Carey Islandのパーム農園で行われている取り組みを紹介する．

害虫対策として，害虫の好む草花を農園周辺に植え，害虫を外に出すことにより使用農薬（除草剤）を年間3〜4回程度に減らし，散布も地面に対して行うなど，可能な限り農薬を減らしている．

写真1 パームツリーにダメージを与える害虫

写真2 農園周辺に植えられている害虫の好む草花

日本技術士会登録グループ・食品技術士センター例会資料[9)]

また，ネズミによる食害対策では，パーム農園内にメンフクロウを飼育することにより，農園内のネズミをメンフクロウに捕食させ，食害を減らす取り組みも行われている．

このようにパーム農園では，可能な限り自然と共生も目指し，課題解決に向けての取り組みが行われている事例である．

写真3　パームフルーツにダメージを与えるネズミ

写真4　食害のあったパームフルーツ

写真5　農園内で飼育しているメンフクロウ

日本技術士会登録グループ・食品技術士センター例会資料[9)]

引用・参考文献

1) 特許4713673公報「揚げ物用油脂組成物」
2) 特許4212276公報「油脂組成物」
3) ENDO Yasushi et al. “Linolenic Acid as the Main Source of Acrolein Formed During Heating of Vegetable Oils”, J Am Oil Chem Soc 2013, 90, p959-964
4) TAKEUNGWONGTRAKUL Sirima et al. “Biscuits fortified with micro-encapsulated shrimp oil: characteristics and storage stability” Journal of Food Science & Technology 2017, 54, p1126-1136
5) 藤原英記「油脂の味覚応答」オレオサイエンス　第19巻第3号（2019）p103-107
6) 安松啓子「油脂の味は6番目の基本味か？ –“脂肪酸を感知する神経”とその役割を探る」https://academist-cf.com/journal/?p=10437 ダウンロード日 2019.4.17
7) WWWF ジャパンホームページ「RSPO について」https://www.wwf.or.jp/activities/basicinfo/3520.html ダウンロード日 2019.3.9
8) RSPO 情報サイトホームページ http://rspo.jp/ ダウンロード日 2019.12.18
9) 日本技術士会登録グループ・食品技術士センター例会資料より　撮影者・中谷明浩（著者），2007年

索　　引

ア　行

カ　行

サ　行

タ　行

ナ 行

ハ 行

マ　行

ヤ　行

ラ　行

著者プロフィール

中谷　明浩（なかたに　あきひろ）

1973 年 北海道・旭川市生まれ
1993 年 国立旭川工業高等専門学校 工業化学科 卒業
1993 年 東洋製油株式会社入社（現・株式会社 J - オイルミルズ）
生産技術部門に 8 年間，研究開発部門に 10 年間，知的財産部門に 7 年間携わり，生産から開発，知財に至る 25 年間で一連の「ものづくり」技術を極める
2011 年 技術士（農業部門）登録
2018 年 株式会社 J - オイルミルズ退職

2018 年 中谷技術士事務所（https://nakatani-peoffice.com）を設立
食用油脂とその周辺技術を中心とした食品技術，食品関連特許実務，特許情報活用のジャンルでの支援活動を国内外で展開中．食品技術，食品特許関連セミナーを複数開催．
食品化学新聞「食品技術士リレーシリーズ」ベースライターで「調理現場のフライ油適正管理技術」（2019.3.21 掲載），「特許情報を食品開発やビジネスに活用しよう」（2019.9.21 掲載）など多数執筆．
技術士の他，エネルギー管理士，AIPE 認定・知的財産アナリスト（特許），JHTC 認定・HACCP コーディネーター，甲種危険物取扱者，ボイラー技士（2 級）やフォークリフト免許の資格を有する．

食用油脂の基礎と劣化防止

2020年7月30日　初版第1刷　発行

著　者　中谷明浩
発行者　夏野雅博
発行所　株式会社　幸書房
〒101-0051　東京都千代田区神田神保町2-7
TEL 03-3512-0165　FAX 03-3512-0166
URL　http://www.saiwaishobo.co.jp

装幀：㈱クリエイティブ・コンセプト（松田晴夫）
組版：デジプロ
印刷：シナノ

ISBN978-4-7821-0446-0　C3058